青少年教育经典读本

有担当的男孩更优秀

李宇凡◎编著

BOY

中国纺织出版社

内 容 提 要

10 ~ 18岁的男孩，正经历从稚嫩童年到叛逆青春期，再到成熟大男孩的成长时光。在这段珍贵的时间里，男孩们逐渐学会像成年人一样思考和处事，同时，也不再被成年人当作小孩看待。有担当是男孩们迈向成熟的标志之一，这意味着男孩们将摆脱幼稚和依赖，真正实现能够和成年人平等对话，抒发自己独立的思想。

本书通过一系列小故事，以与男孩平等对话的口吻，将一众有担当的男孩世界向世人展现，从而启发男孩思考，培养男孩们独立的人格。本书故事精练，可读性强，不仅是一本青少年理想的励志读物，也是男孩成长时期一堂内涵修炼课！

图书在版编目（CIP）数据

有担当的男孩更优秀 / 李宇凡编著 .-- 北京：中国纺织出版社，2016.2（2024.1重印）

ISBN 978-7-5180-1925-0

Ⅰ . ①有… Ⅱ . ①李… Ⅲ . ①男性 - 责任感 - 青少年读物 Ⅳ . ① B822.9-49

中国版本图书馆 CIP 数据核字（2015）第 198584 号

责任编辑：江 飞　　　　责任印制：储志伟

中国纺织出版社出版发行

地址：北京市朝阳区百子湾东里 A407 号楼　邮政编码：100124

销售电话：010 — 67004422　传真：010 — 87155801

http://www.c-textilep.com

E-mail:faxing@c-textilep.com

中国纺织出版社天猫旗舰店

官方微博 http://weibo.com/2119887771

永清县晔盛亚胶印有限公司印刷　各地新华书店经销

2016年2月第1版　2024年1月第3次印刷

开本：710×1000　1 / 16　印张：15

字数：176千字　定价：45.00元

PREFACE 前言

就像每棵幼苗都要经历狂风、暴雨的洗礼才能成长为参天大树，每个男孩也要经历无数困难、挫折的考验，才能成长为真正的男子汉。随着年龄的增长，男孩们的心理也在慢慢地发生着变化，变得越来越成熟，他们不再渴望被当作羽翼下的“乖宝宝”，而是希望成为真正的男子汉。

从男孩成长为男子汉，是从被父母庇护到学会担起责任的过程，思想和人格都渐渐独立。男孩们逐渐摆脱被保护、被照顾的状态，向负责任、敢承担的目标迈进。

成长是一场盛大的冒险，孩子们既憧憬、好奇，又不知所措。如何摆脱幼稚的自己？如何坚持自我？如何承担责任？如何克服困难？当男孩逐渐走出父母的庇护，拥抱广阔天地时，从前不曾遇到过的问题也接踵而至。这些问题困扰着成长中的男孩们，他们既希望得到答案，又讨厌刻板的说教，他们比以往更渴望一场平等的对话。

在《有担当的男孩更优秀》一书中，我们摒弃了说教式的口吻，用一个个深入浅出的小故事作为切入点，结合男孩们感兴趣的知识点，让男孩们领略从历史中沉淀下来的智慧与道理。

本书在内容上，从“担当教育”入手，帮助男孩丢掉懦弱、冲动、浮躁的外衣，学会勇敢、坚强、乐观、自信、宽容和负责，帮助男孩做好准备，面对和承担未来的一切，赢得属于自己的光荣。

我们希望每一个男孩都能从本书中获得启发，在轻松的阅读中获得感悟，学会做事与做人，成为一个优秀的男子汉！

李宇凡

2015 年 11 月

CONTENTS 目录

第一章　男孩要有担当，就要不断地奋进

第二章　有担当的男孩，从自律做起

第三章　有担当的男孩，自信面对人生每一天

第四章　有担当的男孩，待人宽厚礼貌有涵养

第五章　助人为乐的男孩，更受欢迎

第六章　挫折与苦难，每个男孩的成长必修课

第七章　有担当的男孩，敢于直面自己的失误

第八章　有担当的男孩，贵在坚持与毅力

第九章　有担当的男孩，勇敢闯天下

第十章　有担当的男孩心怀抱负

第一章

男孩要有担当，就要不断地奋进

生命不息，奋斗不止，想要在未来有所作为，每一个男孩都要记住，当下就是成长的最好时机，你今天付出的一切，未来都会加倍回报给你。

01 笔耕不辍的“人民艺术家”

老舍是中国现代小说家、著名作家，杰出的语言大师，在我们学生时代的课本里，常常出现老舍的作品。然而，很少有人知道，这位大作家祖辈都是文盲，直到他这一辈，才有机会读书习字。

而老舍先生深知学习机会来之不易，所以比很多同龄人都更加努力读书。19 岁那年，他以品学兼优的成绩从北京师范学校毕业，被派到北京方家胡同小学当校长，从此，他开始书写勤奋工作的人生。

“五四”运动爆发，老舍的世界观受到新思想和新观念的强烈冲击，他开始偷偷地用白话文写小说，像着了魔似的练习白话文。“五四”运动后，白话文逐渐兴起，老舍有了用武之地。他一直坚持不懈地去探索、去实践，为他以后的创作打下了坚实的基础。

1924 年，老舍到伦敦大学东方学院当讲师，也正是此时，他开始了长篇小说的创作。此后，老舍从未停止过写作，他是一位高产的作家，他的无数优秀作品都反映出他的努力程度。

老舍每天早起早睡，极有规律地写作，这是他的爱好，就连星期天也从不休息，可以说，他将一生的主要精力都投身于写作。

老舍经历过中国最动荡的“文

知识小讲堂

“五四”运动，发生于 1919 年 5 月 4 日的北京，这是一场以青年学生为主，广大群众、市民、工商人士等中下阶层共同参与的，通过示威游行、请愿、罢工、暴力对抗政府等多种形式的爱国运动。是中国人民彻底地反对帝国主义、封建主义的爱国运动。

革”时期，但即便在那段荒唐的岁月里，他也从未停止创作。抗日战争爆发后，他在中华全国文艺界抗敌协会工作，并写出了长篇小说《火葬》《四世同堂》等优秀作品。

新中国成立后，老舍的创作热情更加高涨，十几年间，他写出二十多个剧本。其中《龙须沟》影响较大，他也因此被誉为“人民艺术家”。

老舍不是天才，他只是一个比其他人都格外努力的人，他用一生的时间来创作，给后人留下了无数宝贵的财富。

担当男孩智囊

古往今来，凡是有所成就的人都离不开“勤奋”二字。男孩们要清楚，唯有勤奋是通往成功的必经之路。那些害怕艰苦而寻找捷径的人，只会离目标越来越远。美国著名学者奥里森·马登说：“进取心激发了人们抗争命运的力量，他来自天堂，是完成崇高使命和创造伟大成就的动力，激励着人们向自己的目标前进。”当然，有了目标和动力，还离不开脚踏实地地学习和工作，只有把想法付诸实践，才能真正实现梦想。

担当男孩成长箴言

勤劳的人最幸福

人们总是羡慕成功者光鲜的生活，却不愿看到他们背后的辛劳，然而每一次现实都给这些人泼了冷水。

有担当的男孩，如果想要在学习方面有所作为，在今后的工作中取得了不起的成绩，勤奋是唯一的方法。勤劳、奋斗的精神是我们人生中最不可或缺的，它是打开成功大门的金钥匙。

勤劳的人生是辛苦的，但勤劳的人往往是幸福的。因为勤劳，他们有机会充实自己的人生，因为勤劳，他们能一步一步实现自己的梦想。相反，有些人并不能真正懂得勤奋是怎么回事。他们总想走捷径，希望获得通往成功的秘诀。他们夸夸其谈，却不能静下心来读书、实干，他们总幻想着成功，坐在原地等着明天从天上掉下一块馅饼来，这又怎么可能呢？我们要明白，只要你尽力了，无论最终结果如何，你都是胜利者，因为你已经战胜自己，此时的你，已经比过去的自己更接近目标。

从老舍的故事中，我们看到了从不间断地勤劳工作，也看到了他为我们留下的优秀作品。他并没有出生在一个书香世家，但他凭借自己的努力，成为深受人们爱戴的“人民艺术家”，他的作品也为后人带来了深远的影响。老舍在他的作品中倾注了大量心血，他的精神值得我们敬佩和学习！

02 勤奋读书终成材

竺可桢，字藕舫，浙江人。中国科学院院士，中国近代气象学家、地理学家、教育家。中国近代地理学和气象学的奠基者。

竺可桢出生在浙江绍兴东关镇，小名叫阿熊。镇上的私塾先生为他起了个大名叫可桢，意思是应该做一根坚实的柱子、国家的栋梁。但想要成为真正的国之栋梁，并不是一件容易的事，竺可桢为此付出了许多努力。

小时候的竺可桢非常好学，在父亲的悉心教导下，他很小就认识不少字，而且会背诵很多唐诗。5岁进学堂时，门门功课都很优秀。不过，他的身体瘦弱，个子矮小，总是生病，因此经常受到嘲笑。有的同学嘲讽他“好一个寒酸小矮子，准活不过20岁……”这让竺可桢非常懊恼，于是开始锻炼身体，他每天早晨鸡一叫就起床跑步、做操，从不间断。就这样，他坚持了一段时间，不仅体质增强了，而且个子也长高了不少。同学们再也不喊他“小矮子”了。

知识小讲堂

气象学是把大气当作研究的客体，从定性和定量两方面来说明大气特征的学科，集中研究大气的天气情况与变化规律和对天气的预报。

小学毕业后，竺可桢进入上海澄衷学堂。1909 年，他又以优异的成绩考入唐山路矿学堂。当时，这个学堂都由英国人担任教师，完全使用英文教材，讲课也用英文，不准学生在学校里用中文交谈。上课时，英国老师叫学生回答问题，也从来不喊名字，而是喊编号。竺可桢觉得这些英国老师根本不尊重学生，气愤万分。那时的竺可桢明白了，中国的国力不富强，就会被人欺侮。他也明白了，知识是改变国家命运的工具。于是，他发奋读书，加倍用功，发誓要为中国人争气。

1910 年，竺可桢到美国留学，在伊利诺斯州立大学农学院学农业。1913 年秋，他考上了哈佛大学研究院的地学系，攻读气象学。毕业后，竺可桢回到祖国，立志把自己所学贡献给祖国的科学事业。

回国后的竺可桢从事气象研究工作，他几十年如一日，以日记的形式记录天气的变化，留下了珍贵的气象资料。他的研究为祖国的农业生产贡献了巨大价值。竺可桢的一生经历了中国从饱受欺侮到日渐富强的发展变迁，作为一名科研工作者，无论在学习中还是工作中都遇到了不少困难和挑战，但他凭借坚持不懈的奋斗精神，翻过了一座又一座高峰，成为当之无愧的国之栋梁，也成为无数青少年的榜样！

担当男孩智囊

没有人的一生永远风平浪静，我们总要经历一些风雨，但对于有着顽强毅力的人来说，没有什么能够阻挡他前进的脚步。我们要知道，并不是每个人都拥有良好的学习和生活条件，但生活艰难的人，也拥有实现梦想的机会。正如富兰克林所说："我未曾见过一个早起勤奋谨慎诚实的人抱怨命运不好；良好的品格，优良的习惯，坚强的意志，是不会被假设所谓的命运击败的。"

担当男孩成长箴言

◎ 勤奋是成功唯一的秘诀

"书山有路勤为径，学海无涯苦作舟"，这句古话道出了勤奋的重要性。在学习和工作中，比起过人的天赋，一种勤勉的精神更能让我们取得优异的成绩。伟大的文学家鲁迅曾经说过："哪里有天才，我只是把别人喝咖啡的工夫都用在工作上。"古往今来，勤奋是成功唯一的秘诀。

竺可桢的一生，是在不断学习和研究中度过的。他所完成的每一个实验、每一部书稿，无不经历了艰苦的过程。他每天都要记录天气的变化情况，以此作为科研的参考素材，38 年从不间断，甚至去世的前一天，他还用颤抖的笔触记录下当天的天气情况，这些资料都为当时的科研工作带来了巨大价值。华罗庚也曾说过："勤能补拙是良训，一分耕耘一分收获。"意思是说，勤能使人不再笨拙，只有努力付出了，才能得到回报。这句话用在竺可桢身上实在是再合适不过了。

竺可桢经历过国家饱受欺侮的时代，为了赢得学堂里外国教师的尊重，他勤奋读书，将优异的成绩展现在老师面前。他经历了异常艰苦的留学生涯，同样凭借勤奋读书的劲头，获得了美国顶级学府哈佛大学的学习机会。在科研条件极其不完善的情况下，竺可桢为了国家早日富强，全身心投入到艰苦的科研工作中，这时，他再次以勤奋的精神，完成了一项又一项有价值的科研成果。他的经历告诉我们，成功没有捷径，只有勤奋才是成功的唯一秘诀。

03 出路是靠自己打开的

李远哲，1936 年 11 月 29 日出生于台湾新竹。1974 年加入美国国籍，1979 年当选美国科学院院士。1986 年，他和哈佛大学的达德利·赫希巴赫与加拿大多伦多大学的约翰·波拉尼三人共同获得诺贝尔化学奖。1994 年 1 月 15 日，他放弃美国国籍，又回到台湾。

每条河流都有一个梦想：奔向大海。它们有同样的目标，方式却不一样，有的劈山开路，有的迂回曲折。尽管轨迹不同，但都有一种水的精神，那就是永不停息地向前奔流，无论礁石还是河滩，都不能阻挡河流入海的步伐。对于诺贝尔奖得主、美籍华人李远哲来说，他的梦想是成为一名出色的化学家，为了实现这个梦想，他舍弃了原本平坦、舒适的大道，选择了一条颠簸、艰苦的山路。他的故事告诉我们，前路即便难走，也能用勤奋和毅力开路！

由于家教严格，所以李远哲学习时总是非常认真，这也让他养成了热爱学习的习惯。李远哲从小就喜欢读书，当他读到《居里夫人传》时，便许下了成为一名科学家的愿望，没想到他的愿望竟然在多年后成真了。他说："我第一次感到当科学家不仅能从事很有意义的科学研究工作，而且可以享有非常美好的人生。"

因为成绩优异，李远哲有机会被保送到台湾大学医学院学习，要知道，医生是一个受人尊敬且收入丰厚的职业，当所有人都替他高兴的时候，李远哲却作出了一个出人意料的决定，他谢绝了这次难得的机会，因为他更热爱化学事业。

李远哲的决定让周围的朋友不解，很多人都问他："你难道真的不管饭碗？不怕养不起家人，过清苦生活？"面对这样的担忧，李远哲坚定地说："出路是靠自己打开的。"在他看来，只要持续不断地努力奋斗，任何工作都能做出成绩。后来，李远哲来到台湾大学化学系学习，之后又到新竹清华大学攻读研究生。毕业后，留学美国伯克利加州大学，1965 年获化学博士学位。学习向来是一件苦差事，但李远哲凭借坚持不懈的精神，攻克了一道又一道难关。

开始正式工作后，李远哲更是全身心地投入。他在哈佛大学化学系随赫希巴哈从事分子反应动力学研究期间，他的勤奋让导师敬佩，那段时间，李远哲几乎每天工作十五六个小时，从不间断。李远哲的刻苦，使他收获了丰硕的科研成果，赢得了学术界的认可和尊重。

李远哲从当初那个捧着《居里夫人传》的小男孩，到哈佛实验室里永远超负荷工作的留学生，再到后来的诺贝尔奖得主，他在追梦的路上遇到了无数难题，但他从未放弃。李远哲用他的坚持和刻苦告诉我们，人生没有捷径，出路唯有靠自己打开！

知识小讲堂

哈佛大学，坐落于美国马萨诸塞州剑桥市，是一所享誉世界的私立研究型大学，是著名的常春藤盟校成员。这里走出了 8 位美利坚合众国总统，上百位诺贝尔奖获得者曾在此工作、学习，其在文学、医学、法学、商学等多个领域拥有崇高的学术地位及广泛的影响力，被公认为是当今世界顶尖的高等教育机构之一。

担当男孩智囊

华罗庚说："聪明出于勤奋，天才在于积累。"在生活中，我们常常会羡慕别人取得成就时的光荣，但我们也要知道，与成功相伴的不仅仅是耀眼的光环，更有辛勤的汗水。勤奋是一切成果的基础，正如罗·伯顿所说："勤奋是一种可以吸引一切美好事物的天然磁石。"

担当男孩成长箴言

发奋努力的背后，必有加倍的赏赐

"业精于勤，荒于嬉；行成于思，毁于随。"这是为人类留下千古名句的文学家韩愈发出的感慨。当我们为了梦想不懈奋斗时，即使不能成才，也能充实自我，不会虚度光阴，但如果我们不懂得勤奋努力，那么终将一事无成。

茅以升曾说过："对搞科学的人来说，勤奋就是成功之母。"不仅是在科学工作上，在我们生活的方方面面，勤奋都是前进路上不可或缺的基石。没有人天生拥有勤奋的精神，每个人都需要后天的不断努力，坚持严格要求自己，才能养成勤奋刻苦的学习和工作习惯。我们都会有懒惰、贪玩、拖延的时候，这些都是我们进步的阻碍。那么，如何克服这些缺点呢？

首先，对更高、更好目标的渴求是我们根除坏毛病的最佳方法。我们心中的进取心，会像一颗种子，只要经过培育就会茁壮成长、开花结果。但是，如果在我们精神的土壤里没有足够的养料，这颗进取的种子就无法成长。而野草和荆棘就会肆意蔓延。除了进取心，脚踏实地也十分重要。如果没有实干，那么无论多么伟大的雄心壮志都只能成为空谈。此外，面对失败时重新振作的勇气也是必不可少的。有时我们为一件事付出了很多努力，却不一定获得最好的结果，这时，选择放弃只能前功尽弃，只有鼓起勇气，才能在一次又一次的尝试中接近成功。

李远哲的生活，总离不开“勤奋”两个字。无论是寒窗苦读的学生时代，还是艰苦奋斗的科研生涯，勤奋都是李远哲最宝贵的精神财富。他几十年如一日地努力工作，不仅实现了自己的梦想，成就了一番事业，还为祖国赢得了尊重和荣誉。他的精神值得我们学习！

04 人有两件最宝贵的东西

詹姆斯·瓦特，英国著名发明家，第一次工业革命标志性人物。1776年制造出第一台有实用价值的蒸汽机，开辟了人类利用能源新时代，标志着工业革命的开始。后人为了纪念这位伟大的发明家，把功率的单位定为“瓦特”（简称“瓦”，符号 W）。

人类社会的发展离不开各种各样的发明与创新。蒸汽机可算是人类历史上最伟大的发明之一，它的出现大大提高了生产力，并引起了 18 世纪的工业革命。直到 20 世纪初，它仍然是世界上最重要的原动机，后来才逐渐让位于内燃机和汽轮机等。作为蒸汽机的发明者，瓦特对人类社会有着卓越的贡献。

瓦特在童年时期就非常具有钻研精神。他和别的孩子一样，也非常喜欢各种各样的玩具，但这些玩具到了他的手里，全部被“大卸八块”，他总想把那些玩具上的零件卸下来看个明白，然后再组装完好。因为心灵手巧，瓦特不知道帮邻居家的孩子们修好了多少玩具。也许，瓦特的确有着发明家的天赋，但命运却没有让他顺利地走上发明创造的道路。

瓦特并没有适合学习和发明创造的条件。相反，他体弱多病，这让他失去了入学读书的机会。时间长了，周围的孩子们也都不体谅他，见他整日不上学，游手好闲，便常常说他坏话，嘲笑他是个“懒孩子”。

尽管瓦特没有机会上学，但他却不甘心就这样虚度童年，于是，他向母亲提出读书的要求。在他强烈的要求下，父母拗不过他，只好答应。不管春夏秋冬，瓦特的母亲都要抽空教他读书、写字，有时还教他些算术。学的知识虽不多，他却记得很牢固，有时还能举一反三。

在瓦特 17 岁时，母亲去世了，而父亲的生意也开始走下坡路，瓦特饱受贫穷的困扰。他来到伦敦的一家仪表修理厂做了一年的学徒工，然后打算回到苏格兰格拉斯哥开一家自己的修理店，却因为不符合学徒满 7 年的规定而被当地的管理组织拒绝了。直到格拉斯哥大学的教授提供给瓦特一个机会，让他在大学里开设了一间小修理店，瓦特才走出了困境。

虽然经营修理店的工作非常繁重，但瓦特从未放弃过发明创造的梦想，也从未放弃过对科学知识的追求。小店开业 5 年后，在朋友罗宾逊教授的引导下，瓦特开始了对蒸汽机的实验。初步实验一次又一次失败，但是他坚持继续实验并且阅读了所有他能找到的有关蒸汽机的材料。1765 年，瓦特取得了关键性的进展，他想到将冷凝器与气缸分离开来，使得气缸温度可以持续维持在注入的蒸汽的温度，并在此基础上很快建造了一个可以运转的模型。

但是要想制造一台实际的蒸汽机还需要资金的支持。瓦特得到了大学教授布莱克和企业家约翰·罗巴克的帮助，但这些资金还远远不够。由于资金短缺，瓦特不得不另找了一份运河测量员的工作，并且一干就是 8 年。这是一段异常艰辛的时光，但在瓦特看来，自己的每一分努力，都离目标又近了一步。后来，企业家罗巴克破产，相关专利都由伯明翰一间铸造厂的老板马修·博

知识小讲堂

蒸汽机是将蒸汽的能量转化为机械功的往复式动力机械。蒸汽机的出现引领了 18 世纪的工业革命。直到 20 世纪初，它仍然是世界上最重要的原动机，后来逐渐让位于内燃机和汽轮机等。

尔顿接手。与博尔顿的合作，使得瓦特终于得到了充裕的设备资金以及技术上的支持。终于，在 1776 年，第一批新型蒸汽机制造成功并应用于实际生产。这批蒸汽机由于只能提供往复直线运动而主要应用于抽水泵。在之后的 5 年中，瓦特赢得了大量的订单并把他的蒸汽机安装到了各个工厂。

从身体孱弱以致无法上学的少年到工厂学徒，从小修理店老板到闻名于世的发明家，瓦特的一生遇到过很多困难，但他都凭借坚持和毅力克服了。他做到这一切并没有什么秘诀，只是依靠自己的两件最宝贵的东西——手和大脑。

担当男孩智囊

充实的人生离不开梦想和奋斗，也离不开困难和挫折，在我们追求梦想的路上，总会遇到形形色色的阻碍。如果我们惧怕辛苦、惧怕失败、惧怕尝试，那么永远不能翻过面前的高山，困难不会自己消失，只有勇敢地迎难而上，寻求解决问题的方法，才能实现目标。正如美国著名心理学家马克斯威尔·马尔兹说：“想象你自己对困难作出的反应，不是逃避或绕开它们，而是面对它们，同它们打交道，以一种进取的和明智的方式同它们奋斗。”

担当男孩成长箴言

◎ 奋斗改变命运

从平凡到伟大，从失败到成功，永远是一条需要艰苦奋斗的道路，我们要知道，世界上任何一种成就的诞生都没有什么秘诀。就像瓦特在蒸汽机发明和改进上的成功，如果说有什么秘诀，那么只能如牛顿所说：“发明的秘诀在于不断地努力。”是的，只有不断努力，才能攀上一座又一座高峰。

瓦特出生在一个普通的家庭，从小就很喜欢研究机械的构造，但这样的天赋并没有得到多少发挥的机会。因为疾病缠身，瓦特的儿童时期不能去学校上学，只能依赖父母在家里的教学识字、读书。如果没有对知识的渴望，没有勤奋学习的尽头，瓦特也许只能度过一个无所事事的童年，长大后，因为缺少知识而碌碌无为。在这段时间里，瓦特依靠奋斗精神获得了知识。青年时期，17 岁的瓦特遭遇了家庭经济状况的巨大压力，他不得不在工厂做学徒维持生计，而后在大学里开了一间小小的修理店。这个时候，他依靠奋斗精神使生活得以继续。此后几年，瓦特从未放弃发明创造的梦想。实验失败的时候，他苦读理论书籍，一次又一次地钻研和重试，资金不足的时候，他做兼职补贴经费。终于，蒸汽机从瓦特的手中走进了成百上千的工厂，对工业发展做出了卓著的贡献。

人的一生最珍贵的是梦想，让人感到最充实、最满足的事是为了梦想奋斗。当前方出现了艰难险阻，不要放弃，因为胜利已经越来越近了。瓦特的故事告诉我们，当困难来临，只要坚持不懈、勤奋努力，就没有什么不能实现的。他的发明给人类社会带来了巨大的改变，但他的故事却不是一段不可思议的传奇。他在遇到困难时，从来没有放弃，而总是积极地寻求解决办法，坚持不懈地尝试，总结失败教训，最终获得了成功。这种精神值得我们每个人学习！

05 从工人到科学家的华丽转变

迈克尔·法拉第，是英国著名的物理学家、化学家。他出生于萨里郡纽因顿一个贫苦铁匠家庭，仅有小学文化，后自学成才。他在电力场方面实现了关键性突破，永远改变了人类文明。

1791年，法拉第出生在英国伦敦，他的父亲只是一位铁匠，每日工作艰辛，收入菲薄，而且常常生病，家里子女很多，法拉第甚至连饭都吃不饱，上学更是奢望。终于，念完小学之后，为了维持生计，补贴家用，年幼的法拉第去印刷厂做学徒。本以为命运就这样了，但是从小好学的法拉第对学习非常感兴趣，总是寻找各种各样的机会读书。

法拉第尤其喜欢电学和力学方面的知识，但因为家境贫困，根本没钱买书，不过因为在印刷厂打工，他就用废纸订成笔记本，摘录各种资料，有时还自己配上插图。就这样，在繁重的劳作之余，学习成为他最好的享受。在他看来，没有什么比学习更加幸福了。

一个偶然的机会，英国皇家学会会员丹斯来到印刷厂，无意中看到了法拉第的“手抄本”。当他知道这份手抄本出自一位装订学徒时，当时就被震惊了。丹斯立刻意识到这个孩子的天分与刻苦，于是将皇家学院的听讲券送给了法拉第。

就这样，法拉第有幸来到皇家学院旁听，当时正在作报告的是赫赫有名的英国著名化学家戴维。法拉第知道机会难得，他非常专注地听戴维讲课，回家后认真整理笔记，以此作为自学用的化学课本。

后来，法拉第写信给戴维教授，并附上了自己整理的化学课本，信中写道：“极愿逃出商界而入于科学界，因为据我的想象，科学能使人高尚而可亲。”戴维教授看着法拉第的化学课本，他被感动了，十分欣赏这个孩子的才华与勤奋，于是决定破格招他为助手。

对于法拉第来说，这是一次改变命运的机会，他深知这次机会来之不易，于是格外珍惜，他没日没夜地投入到这份工作中，很快就掌握了实验技术，成为戴维的得力助手。

知识小讲堂

电解定律，是电化学中最基本的定律，它分为两个子定律，即法拉第第一定律和法拉第第二定律。

半年后，戴维教授受邀去欧洲作一次科学研究旅行，访问欧洲各国的著名科学家，参观各国的化学实验室。法拉第有幸跟随教授一同前往，他们在欧洲旅行了一年半，会见了安培等著名科学家，这让法拉第大开眼界，这次游学经历让他在科学研究的道路上又迈近了一步。

回国以后，法拉第开始独立进行科研工作。不久之后，他发现了电磁感应现象。1834 年，他又发现了电解定律，震动了科学界。这一定律，被命名为“法拉第电解定律”。

当时，没有人能想象得到，伟大的“法拉第电解定律”竟然是由一个连小学都没有念过的工人所发现的。法拉第的成功可以说是一次奇迹，通过对学习的兴趣，不断自学，不断奋进，他从一个工人成为世界第一流的科学家，这是多么华丽的转变啊，恩格斯甚至褒奖法拉第是“到现在为止最伟大的电学家”。

从法拉第身上，我们看到了一个人为了梦想所付出的全部心血。

担当男孩智囊

巴尔扎克说：“拼着一切代价，奔你的前程。”也许你没能含着金汤匙出生，但是并不意味着此生毫无希望，一个学徒工可以做到的事情，每个男孩都可以。用学习改变命运，你对学习的热爱终将为你带来厚报。有担当的男孩要明白一个道理，不断奋进，努力学习，就一定可以改变命运。

担当男孩成长箴言

◎ 握紧打开梦想之门的钥匙

无论贫穷还是富有，每个人都有梦想的权利。在不公平的命运面前，有些人一出生就拥有良好的学习和生活条件，这让他们距离梦想更近，而有些人，因为条件所限，想要实现梦想，就必须付出超出别人几倍的努力。人们常常想要找到一把打开梦想之门的钥匙，那么，这把钥匙是什么呢？

我们知道，社会的发展永远需要努力奋斗，任何成就都是由辛勤的汗水浇灌而成的。法拉第的故事就告诉我们，成功没有捷径，只有勤奋的精神才是打开梦想之门的钥匙。法拉第出身寒微，有时甚至连饭都吃不上。在这样的条件下，读书仿佛离他十万八千里，是他可望而不可即的。但他没有放弃对学习的渴望，没有因为条件的艰苦而放弃奋斗。终于，他的努力得到了回报，他得到了实现梦想的机会。

法拉第的故事让我们看到了勤奋的力量，这是打开梦想之门的唯一钥匙。这把钥匙就在每个人的手里，丢掉它，梦想之门将永远对你紧闭，握紧它，每个人都能收获美好的未来。

06 梦想催生了“刀片巨人”

金·坎普·吉列，1855 年出生，有“吉列刀片之父”之美誉。在当时那个年代，因为念不起书而退学的大有人在，这是一件很平常的事，大部分人在贫穷中虚度此生，然而少数人因为不断奋斗，从而改变了贫穷的命运，坎普·吉列就是其中之一。

年纪轻轻的坎普·吉列为了生存，只好辍学自力更生，坚强的性格和奋斗改变命运的信念让他一步一步接近梦想。吉列的父亲以做小生意为生，而一场突如其来的大火，让这个家庭几乎失去了一切。但灾难并没有影响坎普的性格，在吉列家，男孩从小就被鼓励自己动手，弄清楚事物的运行原理，并将它们加以改进。

16 岁时，为了维持生计，吉列成了一名推销员。但对于性格木讷的坎普·吉列而言，推销东西可是个巨大的考验，他常常还未开口说话就面色通红，紧张得不知如何是好。幸好，他有着不服输的性格，这让他勇敢地直面自己的缺点，并想尽办法改正。从上班第一天起，他便强迫自己与陌生人大声地打招呼。在公司接受培训时，他总是第一个抢先回答问题，尽管有时他的答案引发了整个课堂的哄笑，但吉列毫不在意，他知道，想要实现成为一名金牌推销员的目标，首先就要做到能与形形色色的人自如交谈。

两周的培训结束了，吉列觉得自己已经具备了向陌生人推销商品的胆量，但想要真正卖出产品，还需要付出更多的努力。他曾在推销时屡吃“闭门羹”，但他从未气馁，而是连续几天都上门拜访，终于打动了顾客，赢得了订单。他在工作时总有一种不怕碰钉子的精神，凡事都需要恒心和努力，每经历一次失败的打击，就离成功近了一步。推销员的工作一干就是 24 年，这段经历让吉列发现了自己经商的潜力，之后，吉列创办了自己的公司。

1901 年的某天早上，吉列在对着镜子刮胡子的时候突然有了一个想法，有没有可能设计出一种既方便、便宜、可重复使用又可替换的刀片呢？当时，人们普遍选择去理发店刮脸，因为这样刮脸一次只需要 10 美分，而一把剃须刀却需要 5 美元，这在当时是相当高的价格。吉列买来锉刀、钢片等制作起来，终于发明了一种可以使用安全又可以替换的刀片。他把这种刀片定价在 5 美分，并承诺每个刀片能够使用 6 ～ 7 次。这样一来，消费者每次刮胡子的成本从 10 美分降到了 1 美分，而使用几次之后，顾客又会前来购买刀片。吉列对自己这个双赢的主意感到非常满意。但出乎他意料的是，产品一上市就遭到了冷遇，吉列刀片上市的第一年，只卖出了 51 个刀柄，168 片刀片。

在刀片销售遇冷之后，吉列遭到了不少朋友的嘲笑，人们认为他的产品毫无市场。但是吉列不服输的性格在这个时候又帮了他一把，他认真思考，终于找到了原因。原来，人们并不容易改变多年形成的习惯。最重要的是，吉列生产的刀架成本较高，并不是一种廉价的产品，把很多消费者拒之门外。接下来，吉列决定大幅削减刀架的成本和价格，甚至免费赠送刀架，只从刀片上获利。同时，他还大大增加了广告投放的力度，以介绍新旧刀片的不同之处。认真思考之后的营销策略，给吉列带来了销售量的大幅增长，第二年，他卖出了 9.1 万把刀柄，12.4 万片刀片。

知识小讲堂

第一次世界大战，简称“一战”，爆发于 19 世纪末，资本主义国家向其终极阶段，即帝国主义过渡时产生的广泛的不可调和矛盾，强国之间为了重新瓜分世界和争夺霸权而引发的一次世界大战。战争过程主要是同盟国和协约国之间的战斗。德国、奥匈、土耳其、保加利亚属同盟国阵营；英国、法国、俄国和意大利则属协约国阵营。第一次世界大战是欧洲历史上破坏性最强、损失最大的战争之一。大约有 6500 万人参战，1000 万人在战争中丧生，2000 万人受伤。

接下来的第一次世界大战，则进一步成为吉列普及产品的机会。他以非常低的价格把刀片卖给政府，通过政府发放到每个士兵手中。战争结束后，大批盟军养成了使用安全剃须刀的习惯，并把方便好用的吉列产品带到了世界各地。

随着吉列产品的成功，这个曾经一见到陌生人就脸红羞涩的男孩如今已经成了一名出色的企业家。吉列经常将自己的梦想总结为一句话：“先让世界变得更好，再发明一个好刀片。”凭借勤奋、刻苦和坚持，他做到了！

担当男孩智囊

伟大的人有很多种，但他们有一个共同的特点，就是懂得勤奋和坚持。人们想要做成一件事，往往会遇到各种各样的困难，这促使人们想出解决办法，完成一个个困难的任务。如果没有前进道路上的阻碍，那么，我们也许就不能掌握让我们进步的知识、技术和经验。因此，困难不是我们追求梦想的绊脚石，而是一块块稳固的基石，只要将它们踩在脚下，就离成功更近了一步。正如贝多芬说：“涓滴之水可磨损大石，不是由于它力量强大，而是由于昼夜不舍地滴坠。只有勤奋不懈地努力，才能够获得那些技巧。”

担当男孩成长箴言

成功不会从天而降

无论是人类社会的进步还是我们自身的发展，都离不开奋斗精神。在我们的生活中，总会遇到各种各样的难题，而只有解决这些难题才能实现我们的目标。成功从来不会从天而降，而是需要我们立志高远、拿出真才实学、脚踏实地地勤学苦练。这个过程就叫作奋斗。

奋斗是一种精神状态，也是一种行动方式。为了梦想而努力进取，不仅能让生活变得充实，也能让生命变得绚丽。奋斗是一个艰苦的过程，需要我们付出汗水和勇气。在生活中，我们常看到一些因为惧怕困难、惧怕辛苦而无所事事的人，他们庸庸碌碌、不思进取，荒废了大好年华。这样的人生不能赢得人们的尊重，也不能发挥生命的价值。懂得奋斗的人是值得所有人尊重和学习的，他们目标明确，不惧艰辛，一个更美好的世界从他们手中诞生。

从坎普·吉列的故事中，我们看到了他为了实现梦想所付出的努力。家境的贫穷让他不得不辍学打工而维持生计，但在困窘的生活中，吉列仍然满怀希望，永不服输。他并没有什么过人的天赋，甚至还有很多糟糕的缺点，但他仍然勤奋努力，以自己的执着精神克服了一个又一个困难。为了胜任推销员的工作，他勇敢地改变自己，最终从一个腼腆的男孩成长为一个业绩颇佳的推销员。

为了自己设计的产品能够走进千家万户，吉列顶住一次次失败的压力，终于让吉列刀片风靡全世界。他坚信每一次失败都让自己离成功更近，因此在每一次失败之后都能很快振作起来，继续自己的事业。这是一种平凡却值得敬佩的奋斗精神，他让每个人都能将梦想握在手中！

07 在缺陷面前不退缩

富兰克林·德拉诺·罗斯福，美国第 32 任总统，美国历史上唯一连任超过两届（连任四届，病逝于第四届任期中）的总统，美国迄今为止在任时间最长的总统。

俗话说：“人无完人。”每个人或多或少都有一些缺点，哪怕是功绩卓著的美国总统罗斯福，也是一个有缺陷的人。但他的故事告诉我们，缺点并不可怕，只要努力克服，就没有什么做不到的。

小的时候，罗斯福是一个脆弱胆小的学生，在学校课堂里总显露一种惊惧的表情，呼吸就好像喘大气一样。如果被叫起来回答问题，立即会双腿发抖，嘴唇也颤动不已，回答起来，含含糊糊，吞吞吐吐。每次回答完毕，罗斯福都对自己的表现感到失望，但他却对自己无计可施，只能垂头丧气地坐下来，没有一次在课堂上感到自信。

不仅如此，由于患病，罗斯福的牙齿参差不齐，腿也有些瘸，使他没有一张英俊的面孔和一副伟岸的身姿。罗斯福常常被同龄的小孩嘲笑。像他这样一个小孩，自我感觉总是非常敏感。他为了免遭同学们的嘲笑，总是回避同学间的任何活动，不喜欢交朋友，整日封闭在自己的世界里。然而，时间长了，罗斯福觉得与其成为一个只知自怜的人，不如努力和自己的缺陷对抗，争取让自己变得更好。他的内心产生了一种奋斗的精神。

罗斯福并没有因为同伴的嘲笑而失去勇气，相反，缺陷促使他更加努力奋斗，他用坚强的意志努力克服自身的恐惧。没有人比罗斯福更了解自身的种种缺陷，他也从来不欺骗或安慰自己，他只是利用实际行动来改变着一切。

知识小讲堂

演说家是指善于面向听众发表自己的意见，阐述自己的观点，获得听众的支持的人。富兰克林·罗斯福是历史上非常出色的演说家，像大多数总统一样，他善于运用自己的演讲才能，激发人们的热情与信心。

罗斯福通过演讲，掌握了如何利用假声的技巧，这样可以掩饰他的暴牙，并且最终成为一名演说家；因为瘸腿而行动不便，罗斯福就练习拖着腿上楼梯，无数人曾嘲笑他的姿势不雅，但在罗斯福看来，这一切是无法改变的，他已经能够正视自身的缺陷。

罗斯福没有在缺陷面前退缩，他全面客观地进行了自我分析，充分认识自己，在短暂的消沉之后，便重新崛起，通过与自我的顽强抗争，最终站上了人生顶峰。到后来，他的缺陷再不是别人嘲笑的谈资，而是引以为傲的资本。

担当男孩智囊

古训曰：天行健，君子以自强不息。英国生物学家、进化论的奠基人达尔文也曾说："如果说我有什么功绩的话，那不是我有才能的结果，而是勤奋有毅力的结果。"在历史的长河中，只有那些最勤奋、最勇敢的人才能站上顶峰。每个人的命运不同，所选择的道路不同，唯有不断进取、不断奋斗，才会让每个人走向成功。一个有担当的男孩，不必在意自身的缺陷，当你抱怨长相不佳时，想一想没有四肢的尼克·胡哲吧；当你抱怨没有新鞋子的时候，想想那些没有脚的人吧。奋斗吧，你将改写人生，由平凡走向伟大。

担当男孩成长箴言

做自己未来的主人

罗斯福为美国历史上最伟大的总统之一。他的故事给了我们一个启示，我们也许会遇到许多不能选择和逃避的困难，但那只代表过去，每个人都可以做自己未来的主人。我们要明白，这改变命运的基石唯有勤奋。它能撑起生命的高塔，览尽无限江山的秀美。

对于罗斯福来说，如果没有鼓起勇气打开心扉，那么他永远交不到朋友；如果没有刻苦练习，那么他永远不能克服表达的障碍；如果没有坚持锻炼，那么他永远不能自如地走路。在他身上，我们看到了因为勤奋而带来的人生改变。

柏拉图说：人生是习惯的奴隶，那么，勤奋这种习惯便给了人生一个瞻高望远的平台。白居易“不遑就寝”，终成一代诗人；韩愈“口不绝吟”，终成唐宋八大家之首；齐白石刻磨间换“化石为泥”，终成一代宗师。在罗斯福身上，他的坚强意志和刻苦努力，终让他成为一名鼓舞成千上万人的演说家！

08 爬上人生最高的山峰

在星光熠熠的美国好莱坞，从来不缺少超级明星，但著名演员阿诺德·施瓦辛格身上却不只拥有明星的光环那么简单，他的个人经历更像是一段催人奋进的传说。

施瓦辛格出生在奥地利的一个偏远小镇，从小他就对健身非常感兴趣，他梦想成为一名专业健美运动员。开始健身时，他收集和阅读了大量的健美杂志，从中学习训练方法和营养指导。后来，他将训练时间逐渐从一小时、两小时增加到了每天五小时。终于，凭借惊人的毅力和不懈的努力，16岁时，施瓦辛格第一次参加了全国健美比赛。在接下来的几年里，他在各大权威健美比赛中崭露头角。1968年，施瓦辛格移居到美国，依然继续着他的健美事业。1983年，施瓦辛格参加了国际健美比赛，第一次获得了“健美先生”称号。施瓦辛格，这个从偏远小镇走出来的男孩，经过了年复一年的努力之后，终于成为声名远播的健美冠军。

移民美国后，施瓦辛格一边从事健美事业，一边尝试影视拍摄。在演艺生涯的初期，因为他操着一口带有浓重日耳曼口音的英语，他只能担任跑龙套的角色。为了适应好莱坞，施瓦辛格一天花五小时上演员课程、发音课程和去除口音的课程。机遇总是偏爱坚持不懈、努力奋斗的人，渐渐地，施瓦辛格的片约越来越多。1984年，在他来到美国16年后，他凭借科幻动作片《终结者》一炮而红，向动作片巨星的地位迈进。此后，施瓦辛格出演了一系列动作电影，扮演的都是超级英雄，这让他成为当之无愧的好莱坞巨星。

除了在健美、演艺事业方面的成功，施瓦辛格还非常善于经商，他拥有精明的商业头脑，早在成为家喻户晓的好莱坞明星之前，他就通过经营房地产而成为百万富翁。他还与史泰龙、布鲁斯·威利斯合伙创办了好莱坞星际酒店，生意一直非常火爆。同时，他也是一位颇具影响力的电影制片人。被这些光环笼罩，《福布斯》杂志已将他列为“好莱坞最富有的演员”。

阿诺德·施瓦辛格的名言之一是：“我一贯的思维方式，就是要爬上最高的山峰！”凭借在好莱坞积攒下的人气和资本，施瓦辛格本可以度过富裕、悠闲的下半生，但他的血液里仿佛流动着天生的挑战者的基因，当他在健美、演艺事业取得佳绩之后，他又将目标锁定在政坛。

凭借正面的形象和良好的口碑，施瓦辛格在竞选中赢得了不少选票。2003年，他退出了影坛，转为从政，成功地竞选成美国加州州长。

知识小讲堂

健美，是一种强调肌肉健壮与美的活动，健美并不是一种竞技运动，它起源于古希腊，最初只有男性参加，以男子粗壮的脖子、大腿、发达的胸肌为美。现代健美运动则由德国人尤金·山道开始。并由他以夸张的宣传手法，发扬光大。

如今，施瓦辛格已卸任州长一职，并有意回归影坛，出演《终结者 5》。人们期待这位四肢发达、头脑也发达的好莱坞巨星，再次创造新的银幕传奇。

在施瓦辛格成名前，他曾告诉过身边的人自己要成为“全世界最强壮的人”，却因此受到了嘲笑，之后，他去了好莱坞，想要成为电影明星，他们笑得更大声了，在那之后，他想要成为一个成功的商人，听到这里，他们都笑弯了腰，但是现在，他们再也不会嘲笑他的决定了，而施瓦辛格笑到了最后。

施瓦辛格常鼓励年轻人：“只要你们坚持自己的目标，你们可以笑到最后，只要你努力，你就可以做到最好。”施瓦辛格的经历常常被称为传奇，但在他身上并没有发生过什么不可思议的奇迹，只有日复一日的坚持和奋斗，让他拥有了今天的成功。

担当男孩智囊

罗斯福说：“要当时间的主人，命运的主宰，灵魂的舵手。”对于每个人来说，确立人生的目标都是十分重要的，有了目标，我们才能有效地规划自己的行为。但我们也要知道，仅仅有宏伟的愿景是不够的，伟大的目标必须依靠脚踏实地的努力才能实现。正如爱默生所说：“凡事欲其成功，必要付出代价：奋斗。”

担当男孩成长箴言

人生没有捷径

伯纳说："脚跟立定以后，你必须拿你的力量和技能，自己奋斗。"道出了人生的真谛。梦想和奋斗是人生不可或缺的部分，有了明确的目标，人生才有了方向，经过坚持不懈的奋斗，目标才能实现。

人生需要奋进，因为成功从来没有捷径，唯有奋力拼搏，方能实现目标。从施瓦辛格的故事中，我们看到了一个来自奥地利偏远小镇的普通男孩，一路走到健美先生、好莱坞巨星、成功商人、加州州长的故事。他的故事听上去像传奇一般跌宕起伏，但他的努力却绝不是传说，而是脚踏实地地付出努力。

对于施瓦辛格来说，没有哪一项成就是轻松获得的。健美先生的荣誉不是凭借天生的好身材，而是依靠日复一日的刻苦训练；好莱坞巨星的名气不是来自英俊的外形，而是来自语言学习和表演培训；成功商人的财富不是来源于祖传的家产，而是得益于在大学商科的认真学习。从施瓦辛格的身上，我们看到了梦想的光芒和奋斗的能量，只有一步一个脚印地耕耘自己的人生，才能收获甘美的果实。

09 凡事要全力以赴

科林·卢瑟·鲍威尔，美国历史上第一位黑人国务卿，同时也是最年轻的参谋长联席会议主席。他任职期间清正廉洁、功绩卓著，他的名字在美国人心中，占据着不可替代的重要位置。

提起这位美国前国务卿所获得的成就，不少人以为他有着名门望族的出身，但事实上，鲍威尔的父母都是牙买加移民，家道寒微。童年的鲍威尔家庭非常贫困，但艰苦磨难没有阻碍他的奋发成功。

鲍威尔很小的时候便立下雄心壮志，他要做一个了不起的人。年轻时为了生计，他从事过各种繁重的工作。一年夏天，鲍威尔在一家汽水厂当清洁杂工，每天的工作就是洗瓶子，另外，还要负责打扫卫生等杂活儿。对于老板分配的工作，鲍威尔从没有怨言，永远都是兢兢业业地做完。

一次，有工人不小心打碎了50瓶汽水，车间内布满了玻璃碎片和黏糊糊的饮料。按理说，谁打翻的谁去清扫，但老板嫌那个人手脚笨，索性将干活麻利的鲍威尔叫去打扫。当时的鲍威尔并没有意识到这是老板赏识自己，而是对此感到气愤，第一次对老板不满，他想甩手不干，但转念一想，自己就是厂里的清洁杂工，这也是分内的活儿，顺手打扫出来吧。于是，鲍威尔压住火气，很快处理完这个烂摊子。没想到，过了两天，老板找他谈话，提升他为装瓶部主管。那时，他记住了一条真理：凡事悉力以赴，总会有人注意到自己的。

装瓶子并不是鲍威尔的理想，只是他维持生计的工作而已，他的理想是当兵，并且从未放弃过努力。功夫不负有心人，他以优异的成绩考进了军校，离开了琐碎的工作，开始了属于自己的成功人生。在当兵过程中，鲍威尔一如既往地努力，他先后官至美国参谋长联席会议主席，衔领四星上将；又曾膺任北大西洋公约组织、欧洲盟军总司令的要职；最终，成为布什总统组阁的国务卿。

鲍威尔创造了黑人担任美国国务卿的历史，他的成功绝不是别人看来的运气好，这与他几十年如一日的勤奋工作是分不开的。在工作中，当时已经身为四星上将的鲍威尔，竟然是五角大楼最早到办公室又是最迟下班的人，这让同事们对其敬重不已。

鲍威尔曾以“凡事要悉力以赴”为题在西点军校发表演说，他给学员们讲过一个故事：三个建筑工人在挖沟，甲是一个心高气傲的人，干不了一会儿就会做白日梦："我将来一定会做房地产老板！"；第二个人是一个爱抱怨的人，他嫌工作辛苦，工作一会儿就开始抱怨；只有第三个人埋头苦干，脑子里想的只是如何挖好沟……若干年后，第一个人还是建筑工人，每天苦哈哈地接着挖沟；第二个要小聪明的工人提前病退，每月领取微薄的退休金；而第三个人则成为一家建筑公司的老板。

知识小讲堂

美国国务卿是美国国务院的首长。美国国务院，美国联邦政府主管外交并兼管部分内政事务的行政部门，直属美国政府管理的外事机构，相当于外交部。

鲍威尔用这个故事告诉人们，空想和抱怨毫无意义，只有全力以赴地实干，才能将未来牢牢掌握在自己手中。

担当男孩智囊

孩子们，生命是有限的，它的长度可以用时间来衡量，不过数十载春秋而已，唯有勤奋进取，才能让生命富有意义，才能让你的人生散发出夺目的光彩。勤奋，点亮了生命的灯塔，今日的奋斗，一定会在未来得到回报。努力不一定成功，但不努力一定会失败。

担当男孩成长箴言

◎ 全力以赴的意义

在人的一生中，会遇到很多困难，也会遇到很多机会。梦想，正是在这些困难和机会中，变成了各种各样的模样。如果不能克服困难，梦想也许就会永远留在远方，甚至消失得无影无踪。如果懂得全力以赴，那么即便遭遇挫折，梦想也将会越来越近。凡事全力以赴的精神能让我们的人生不留遗憾，也能让我们的梦想变成现实。

其实，全力以赴的奋斗是来自内心的一种动力，以勤奋作为基石，梦想作为目标。我们要知道，只有将勤奋融于生活，才能让我们不断进取。

卡莱尔说，天才就是无止境刻苦勤奋的努力。是啊，如果你想成为有用的人，就一定要确立自己生活的目标。当我们的生活由一个个目标串联而成时，我们才能找到前进的方向和轨迹。这些目标可大可小，如果我们认为一辈子的目标难以确立，那么我们不妨制订一个短期目标，也许一年，也许一个星期……这能让我们的步伐坚定，生活充实。

第二章

有担当的男孩，从自律做起

一个没有自律的人，是很难获得成功的，试想，一个连自己都管不住的人，还能指望他做什么呢？从自律做起，是人生成功的第一步，男孩们要时刻谨记。

01 梨树边的过路人

许衡（1209 ～ 1281），别名许仲平、鲁斋先生，政治家、教育家。著有《读易私言》《鲁斋遗书》。许衡一生既是元代大儒，又一直高官在身，“道学君子”位居相位者，许衡为古今一人。

宋元之际，世道很乱。一天，许衡外出，因为天气炎热，口渴难忍。走着走着，他看到路边有一棵梨树，行人为了解渴都去摘梨子吃。尽管许衡也感到口渴，但却不为所动。有人问：“你为何不摘梨呢？”

许衡说道：“不是自己的梨，岂能乱摘？”路人大笑：“世道那么乱，管他谁的梨？早没了主人，吃了解渴再说。”许衡则说：“梨虽无主，但我心有主。”

就这样，许衡始终没有摘梨，继续在炎热的天气里赶路。

知识小讲堂

《鲁斋遗书》共八卷，《附录》二卷。由元代许衡撰写。许衡号鲁斋，所以叫作《鲁斋遗书》，这本书是他一生著述的汇总，由其七世孙婿郝亚卿初辑，河内教谕宰廷俊继成，何塘为之序，嘉靖四年(1525)山阴萧鸣凤校刊于开封。书中全面反映了许衡的儒学思想。

担当男孩智囊

唐代诗人吴叔达曾留下诗句：“立志言为本，修身行乃先。”意大利诗人但丁也曾告诫世人：“一个知识不全的人可以用道德去弥补，而一个道德不全的人却难以用知识去弥补。”每个男孩想要成长为真正的男子汉，都必须学会自律。我们要懂得用自己内心的道德标准来要求自己，而不是以别人的眼光来决定自己的行为。

担当男孩成长箴言

◎ 无论人前人后，都要严格要求自己

自律是一种美德，却是一件不容易做到的事。我们常常看到，在生活中，有些人在被人监督时的言行和不受监督时的言行大相径庭，这种行为应当让我们引以为戒。我们的所作所为并不是为了展示给别人看，而是为了问心无愧，不能因为缺少监督而放松对自己的道德要求。

自律是一种自我约束，也是一种自我要求。我们时时刻刻都应该以同样的道德标准要求自己，不因环境的变化而改变，也不因无人监督而放松。我们要明白，学会自律是我们成长为男子汉的必经之路。

古人云，“勿以善小而不为，勿以恶小而为之”。意思是，不要因为是件较小的坏事就去做，不要因为是件较小的善事就不去做。这句话在如今的社会仍然适用。从许衡的故事中，我们看到了他高尚的道德情操，许衡没有因为梨子的价值小就区别对待，而是一如既往地严格要求自己。在纷乱的世道中，许衡甘愿忍受干渴，也没有因为找不到梨树的主人而偷摘梨子，这虽然是一件小事，却一直流传至今。我们不禁要思考，在今天的社会中，有多少人能做到不偷摘没有主人的梨子呢？他的故事直到今天，仍然有值得我们学习之处。

02 王密的黄金

杨震，字伯起，东汉时期名臣。从其父杨宝研习《欧阳尚书》，师从于太常桓郁。通晓经籍、博览群书，被誉为“关西的孔子杨伯起”。杨震50岁时才开始步入仕途，被大将军邓骘征辟，又举茂才，历荆州刺史、东莱太守。

杨震为人正直，公正廉洁，不谋私利。在他任职荆州刺史时发现一个叫王密的人才华出众，于是向朝廷力荐王密为昌邑县令。后来他调任东莱太守，途经王密任县令的昌邑时，王密亲赴郊外迎接恩师。

与恩师见面之后，两人把酒言欢，聊得非常高兴，不知不觉已是深夜。王密见时候不早，准备起身告辞，临行前，突然从怀中拿出准备好的黄金，说道：“恩师难得光临，一点儿薄礼不成敬意，以报栽培之恩。”

知识小讲堂

荆州，古称“江陵”，是春秋战国时楚国都城所在地，位于湖北省中南部，长江中游两岸，江汉平原腹地，是湖北省五大区域性中心城市之一，国务院公布的首批24座中国历史文化名城之一。荆州已经有2600多年的历史，是楚文化的发祥地和三国文化的中心。

杨震大惊，转喜为怒，义正词严地说：“以前我举荐你，正因为了解你的真才实学，希望你做一个廉洁奉公的好官。你现在这样做，违背我的初衷，辜负我的厚望。你对我最好的回报不是黄金，而是正直地为国效力。”

虽然恩师勃然大怒，但王密还坚持说：“三更半夜，不会有人知道的，请您收下吧，这是我的一点儿薄礼。”杨震声色俱厉地说：“你这是什么话？天知，地知，我知，你知！什么叫没人知道，难道没人在我就要接受你的贿赂，我的良心何在？”

被老师这么一顿狠批，王密不敢再解释，赶紧告辞。杨震为官清廉一生，从不牟取私利，是一位严于律己的清官。

担当男孩智囊

古罗马喜剧作家普罗图斯曾说过：“能主宰自己灵魂的人，将永远被称为征服者的征服者。”美国诗人罗勃朗宁也说：“一个人一旦打响了征服自我的战斗，他便是值得称道的人。”我们要知道，自律是一种美德，是每个男孩想要成长为男子汉所必须具备的修养，也是一种自我管理能力。所以，自律是一扇窗，打开它，你拥有的不仅仅是窗外的风景，还有等待你的成功。

担当男孩成长箴言

怎样面对诱惑

在物欲横流的社会中，人们常常会面临诱惑，也时常有人在诱惑面前没有作出正确的选择。可能是捡到了一部手机没有归还主人，也可能是趁同桌不在拿了他放在桌子上的漂亮钢笔，甚至有人在工作岗位上利用职务之便为自己牟取私利。我们要知道，这些行为不在大小，它们的性质都是相同的，都是缺乏自律意识的。

学会自律，是每个人的必修课。我们要知道，今天，我们可能只是一名普通的学生，但我们仍要有良好的自律能力，无论外界环境如何变化，我们对自身都要有所要求。今后，当我们走上工作岗位时，才能将良好的品德融入工作中。我们要避免随波逐流，更不要放任自流。

从杨震身上，我们看到了一位官员所应当具有的自律精神。面对黄金的诱惑，他始终坚守清廉。

03 刻“早”字励志

鲁迅，原名周樟寿，字豫才，后改名周树人，“鲁迅”是他1918年发表《狂人日记》时所用的笔名。浙江绍兴人。中国现代文学的奠基人，中国现代学术的开创者。毛泽东曾评价他：“鲁迅是中国文化革命的主将，他不但是伟大的文学家，而且是伟大的思想家和伟大的革命家。”

鲁迅自幼聪颖好学，12岁到三味书屋学习，在那里攻读诗书近五年。鲁迅13岁时，祖父被捕入狱，父亲因为长期患病，致使家道中落，年幼的鲁迅不得不到当铺卖掉家里值钱的东西，用来给父亲买药治病。

一次，父亲病得很厉害，鲁迅忙着去买药，结果耽误了上课。老师见他迟到，气愤地责骂了他。鲁迅不作解释，低着头默默回到自己的座位上。第二天一早，鲁迅就来到学校，在书桌右上角刻了一个“早”字，并发誓今后再也不会迟到了。

后来，父亲的病越来越严重，鲁迅也更频繁地往来于当铺与药店之间。不仅如此，家里的重担都落在了他的肩上。然而，他从来没有再迟到过，而是很早就起来，为的就是不再迟到。

知识小讲堂

三味书屋是晚清绍兴府城内著名私塾，位于都昌坊口11号。鲁迅12岁至17岁时在此求学。私塾，我国古代社会一种开设于家庭、宗族或乡村内部的民间幼儿教育机构。它是旧时私人所办的学校，以儒家思想为中心，它是私学的重要组成部分。新中国成立后，私塾逐渐消失。

担当男孩智囊

北宋著名理学家朱熹曾告诫世人："不奋发，则心日颓靡；不检束，则心日恣肆。"我们要知道，一个人如果不努力、不奋斗、缺少目标，就没有发展的方向和动力。不约束自己，就像脱缰的野马，最终受伤的还是自己。我们要懂得给自己制定合理的目标，并脚踏实地完成，这样才能让我们的品德、学识、能力逐渐增长。

担当男孩成长箴言

细节之处体现自律精神

很多优秀的习惯、美好的品德，都不是从惊天动地的大事中获得的，而是从一件件平常的小事中不断累积的，正所谓细节决定成败。正如故事中鲁迅在课桌上刻下的"早"字，鲁迅只是做到了每天早早起床、早早上学这件小事，却让他懂得了如何克服困难、如何严格要求自己。鲁迅从这个小小的"早"字上，学会了自律。而这种精神，让他在日后的学习、工作和生活中受益匪浅。

一个有担当的男孩应该从小培养自律精神，努力做好每一件小事，这样就会逐渐养成自律的意识与习惯，这对于未来的成长非常重要。

男孩子们也要明白，自律的可贵在于坚持，不能"三天打鱼、两天晒网"。有的人在下定决心做一件事之前，通常都制订了详细的计划，但在遇到困难时就放松了对自己的要求，最后往往导致既定的计划付诸东流。而那些坚持下来的人，最终都会有所建树。

04 明代大学士储豆律己

明朝大臣徐溥，字时用，号谦斋，弘治五年任当朝首辅一职。徐溥撰有《谦斋文录》四卷，《四库总目》传于世。

当徐溥还是一个孩子的时候，就表现出沉稳的性格，他举止老成，行为严谨。在私塾读书的时候，他从来不苟言笑。一次，老师注意到他常从口袋中掏出一个小本本看，以为是小孩子的玩物，本想批评他，拿过来一看，才发现是他手抄的儒家经典语录。这件事之后，老师对徐溥十分赞赏。

徐溥是一个自律精神很强的人，他效仿古人，不断地检点自己的言行。为此，他在书桌上放了两个瓶子，分别贮藏黑豆和黄豆。每当心中产生一个善念，说出一句善言，行了一件善事，他便往瓶子里投一粒黄豆；反之，如果言行失当，他就会往瓶子里投一粒黑豆。

开始时，黑豆多，黄豆少，也就是说他的错误多，善行少。徐溥便开始自我反省，更加自律，直到黑豆少得可以忽略不计，而黄豆堆满了瓶子。

长大之后，自律已经成为一种习惯，深植于徐溥的心中，为他后来当官起到了很重要的作用。凭借强烈的自律意识，并不断进行自我修炼，完善自我品德，终于成为德高望重的一代名臣。

知识小讲堂

儒家，是中国古代最有影响的思想学派。它担“天下教化之先声”，有“以一号百”的影响力。所设“六艺”是指“礼、乐、射、御、书、数”六种技能，于各地积极办学，也是维护社会道德、纷乱中凝聚力量的最庞大的文化核心。

担当男孩智囊

俄国文豪陀思妥耶夫斯基说:“如若你想征服全世界,你就得征服自己。”一个人从幼稚向成熟转变，最重要的就是学会管理自己的言行。自律并不一定要从惊天动地的大事中学会，生活中平凡的小事也考验着一个人的自律精神。古人云，“勿以善小而不为，勿以恶小而为之”。只要我们在生活中多做一件好事，少做一件坏事，那么，自律的品格便会在我们身上打下深深的烙印。

担当男孩成长箴言

◎ 成功需要自律意识

自律，就是自我管理，这是每一个想要在今后有所作为的男孩子都必须养成的好习惯。培养自律习惯，首先需要自觉。你需要清楚哪些行为是对的，哪些是不对的；哪些可以帮你实现目标，哪些会毁掉你。这个过程要求你具备自我反省和自我分析能力，之后写下你的目标，并自觉执行。

其次，培养自律需要时间，这种习惯并非一朝一夕可以养成，最好从小培养。因为在一个人小的时候，正是习惯养成阶段，这期间的很多习惯都将决定着一个人的未来。所以，想在成人之后有所建树，赢得成功的人生，青少年时期的习惯培养至关重要。

成功需要自律意识，我们敬佩于徐溥从细节之处严格要求自己的精神，也折服于他坚定的毅力与正直的品格。他教会了我们如何严于律己，也教会了我们如何坚持正确的道德标准。

05 知错就改，不再犯错

沈从文，中国著名作家，原名沈岳焕，笔名休芸芸、甲辰、上官碧、璇若等，湖南凤凰县人。

沈从文小的时候非常淘气，经常因为贪玩耽误学习。一天上午，沈从文无事可做，在课堂上发呆，当他感到无聊的时候，突然想起村子里正在上演“孙悟空过火焰山”的木偶戏。于是，沈从文偷偷地从课堂溜了出来，跑去看戏。木偶戏很精彩，沈从文看得眉飞色舞，捧腹大笑，直到天快黑了才依依不舍地离去。当他返回学校时，早就放学了，同学都已放学回家。沈从文这才意识到，自己回来晚了。

第二天一早，沈从文刚进课堂，就被老师叫住了，责问他昨天去了哪儿。他低着头，支支吾吾不敢说话。老师气得罚他跪在树下，并大声训斥道：“你看，这楠木树天天往上长，而你却偏偏不思上进，甘愿做一个没出息的矮子。”

第二天，老师意识到责罚有些严重，于是又把沈从文叫去，对他说：“大家都在用功读书，你却偷偷溜出去看戏。昨天我虽然羞辱了你，可这也是为了你好。一个人只有尊重自己，才能得到别人的尊重。”

知识小讲堂

木偶戏，指的是用木偶作为道具来表演故事的戏剧。木偶戏为汉族传统艺术之一，在中国古代又称傀儡戏。木偶戏在表演时，演员在幕后一边操纵木偶，一边演唱，并配以音乐。根据木偶形体和操纵技术的不同，有布袋木偶、提线木偶、杖头木偶、铁线木偶等。

经过老师的一番教诲，沈从文认识到了自己的错误，他发誓一定要记住这次教训，做一个受人尊重的人。这件事之后，沈从文更加严格地要求自己，再也没有犯过类似错误，由于极强的自律性，也使他最终成为一名优秀的作家。

担当男孩智囊

沈从文曾说："征服自己的一切弱点，正是一个人伟大的起始。"我们每个人身上都存在或多或少的弱点，对于这些弱点，我们不必胆怯，只要我们坚持不懈地严格要求自己，弱点就能被我们一一克服。但我们也要明白，这需要付诸行动，而不是仅凭口头上的承诺。

担当男孩成长箴言

◎ 禁得住诱惑，耐得住寂寞

这是一个充满诱惑的世界，生活中处处都存在诱惑，尤其对于青少年来说，世界在他们眼中是新鲜的，他们感到好奇也是很正常的。然而，外面的世界很精彩，外面的世界同样很无奈，青少年的意志力有限，一旦禁不住诱惑，很容易陷进去无法自拔。到时，危害的则是今后的人生。

因此，对于有担当的男孩来说，无论外界诱惑多么大，一定要学会拒绝，懂得在恰当的时间做恰当的事。学会自律，懂得自爱，勇于自省，善于自控，你将成为一个优秀的男孩。

贪玩是孩子的天性，而克服贪玩的毛病也是成长之路上的重要部分。沈从文的故事让我们看到了他面对错误时的勇气，以及积极改正的态度，值得我们学习。

06 不惧饮贪泉

吴隐之，东晋濮阳鄄城人，曾任中书侍郎，左卫将军，广州刺史等职，官至度支尚书，著名廉吏。吴隐之是一个读书人，面容俊美，善于言谈，知识广博，向以风流儒雅著称于世。

吴隐之是一个生性耿直，德行高尚的人，向来不取不义之财。而且，他还将自己的俸禄分发给亲友、百姓，自己过着和普通人一样的生活。

当时，广州郡物产丰饶，盛产稀缺之物，一小箱珍宝就足够数代家人享用。所以来这里做官的人没有一个不贪的，朝廷为此也很头疼，想要彻底根治这种情况，改变贪污腐败的风气。

隆安中年，晋安帝司马德宗听说吴隐之是一个自律性很强的人，于是任命他为龙骧将军、广州刺史，凭借持节为证，领军越中郎将。离广州城20余里有个叫石门的地方，有一道泉水很出名，叫作“贪泉”，传说只要喝了泉水的人就会产生贪念，百姓认为这正是历任州官贪财的原因。而吴隐之来到之后，偏偏不信邪，他相信自己的自律性，于是来到泉边，舀起泉水便是一口，且赋诗一首：

古人云此水，一歃怀千金。

试使夷齐饮，终当不易心。

意思是说，古人都说这道泉水一被喝下肚就会使人贪恋千斤之

知识小讲堂

刺史，职官，汉初，文帝以御史多失职，命丞相另派人员出刺各地，不常置。汉武帝元封五年始置，“刺”，检核问事之意。刺史巡行郡县，分全国为十三部（州），各部置刺史一人，后通称刺史。

金。但假如伯夷、叔齐两位商朝的清廉名臣喝了它，也始终不会改变其气节。

吴隐之在担任广州刺史期间，一直秉持高度的自律性，清廉为官，一日三餐粗茶淡饭，从没有贪腐行为。所有人都觉得不可理解，违背常情，但他始终不改初衷，严格地要求自己。

担当男孩智囊

海涅说："自省是一面镜子，它能将我们的错误清清楚楚地照出来，使我们有机会改正。" 安德雷耶夫也曾说过："一个人最大的胜利就是战胜自己。"我们都了解自律的重要性，而如何做到自律，首先要求我们发现问题，其次，要有意志力改正错误。当我们做到这两点时，就能养成自律的习惯了。

担当男孩成长箴言

◎ 以自己的良心为准则

从吴隐之的事迹中，我们看到了一个严于律己的官员以身作则的故事，他时刻以良心为准则，体现出极强的自律性。要知道，由于人性的弱点，在无人监管的情况下很难自始至终对自己严格要求，难免有放松警惕的时候，然而吴隐之却以高度的自律精神让所有人信服。

良好的自律性对于一个人的成长非常重要，一个有担当的男孩，若想在今后的工作中有所作为，甚至担当大任，就要从小养成自律习惯，提高自律能力，在未来，一定会因此受益。

一个人无论生活还是工作，都要讲良心，良心是最好的准则，它能让每个人保持高度的自律性。做事对得起良心，你就是最有担当的男孩。

07 严于律己才能感召他人

柳传志，曾任联想控股有限公司总裁、董事局主席，2011 年 11 月 2 日卸任，现任联想集团有限公司董事局名誉主席，联想集团高级顾问，企业家，投资家。

时间观念反映出一个人的工作态度和生活态度，同时也反映出一个人的自律精神。柳传志，联想集团有限公司董事局名誉主席，这位成功的企业家就是一个非常自律的人，甚至在业界都享有盛名。

柳传志的自律精神首先表现在时间观念上，他是一个非常守时的人。我们知道，企业家对于时间观念非常看重，他们的时间一分一秒都可以用大把的金钱衡量，浪费的每一分钟都意味着财富的流失。柳传志本人在守时方面的表现让人惊叹，据说在 20 多年中，迟到不超过五次。这个纪录，几乎无人能破。

一次，柳传志到中国人民大学演讲，像平时各种会议、演讲一样，为了不迟到，他特意早到半个小时，足以看出他的自律性。2007 年上半年，温州商界邀请柳传志前往出席活动。当时，受到暴雨影响，柳

知识小讲堂

中国人民大学，中华人民共和国教育部直属的一所以人文社会科学为主干的综合性全国重点大学，是国家“985 工程”、“211 工程”重点建设院校。中国人民大学的前身为陕北公学，历经华北联合大学、北方大学、华北大学多个历史阶段，1949 年 12 月 16 日，中央人民政府政务院第十一次政务会议正式通过了《关于成立中国人民大学的决定》。

传志搭乘的飞机只能在上海迫降，工作人员建议他第二天早晨再乘机飞往温州，但柳传志担心无法准时参会，竟然坐车连夜赶路，为的就是能够按时出席会议。

担当男孩智囊

法国著名画家德拉克洛瓦曾说过：“一个人一旦明白事理，首先就要做到诚实而有节制。”一个人无论身份、地位如何，若是懂得严于律己、信守承诺，那么他的行为便会让人感觉舒服、得体。正如法国作家莫里哀说：“一个人严守诺言，比守卫他的财产更重要。”

担当男孩成长箴言

信守承诺也是一种自律

“君子一言，驷马难追”这句话，道出了承诺的重要性。“信守承诺”是人与人在社会交往中最根本的道德规范，也是一个人自律谨慎的体现。那么，作为一个有担当的男孩，应该如何信守承诺呢？

首先，必须重视承诺，男孩应该明白，信守承诺的人能获得别人的信任和尊重，而守信也是人与人交往最重要的基础。其次，我们要学会对自己的言行负责，不轻易许诺，但面对自己的许诺则要说到做到。最后，当自己做错事或违背诺言的时候，要学会承认错误，在今后的为人处世中引以为戒。

信守承诺是自律精神的体现，从柳传志的故事中，我们看到了这种精神的完美体现。作为商界领袖，他拥有显赫的社会地位，偶尔因为特殊原因而没有做到所承诺的事，并不会受到周围人的责备。但他并没有因为自己的身份和地位而放松对自己的要求，面对特殊的情况，仍然尽最大的努力践行自己的诺言。他的行为值得我们敬佩，也为当今的年轻人做出了表率。

08 石油大王留下的零用钱

约翰·D. 洛克菲勒 ，美国实业家、超级资本家，美孚石油公司（标准石油）创办人。

小约翰·D. 洛克菲勒是美国石油大王约翰·D. 洛克菲勒的儿子，他的家族因为石油大王而拥有巨大的财富，但他一直认为，自己仅仅是父亲巨额财产的管理者而不是拥有者。在财富面前，只有极少数人能够做到自律、自控，小约翰·D. 洛克菲勒就是其中之一。他从来没有挥霍父亲的财富，而是用这些钱来做慈善事业，他一生中为公共事业捐献了 5000 多万美元。

小洛克菲勒不仅秉持着严格的自律精神，对下一代的要求也是如此，甚至在外人看来有些苛刻，这也使得他的儿子——约翰·D. 洛克菲勒三世的生活，完全不像一个富家之子。也许他认为，巨额的财富容易让人迷失，而像普通人一样生活，才是最有益处的。

约翰·D. 洛克菲勒在 46 岁时给儿子写了一封信，在信里他对 14 岁的儿子列出了“财政”要求。在这封信中，写下了 14 条零用钱处理细则，大致如下：

1. 零用钱起始标准每周 1 美元 50 美分；

2. 每周末核对账目，父亲满意，则零用钱可上浮 10 美分；

3. 每周末核对账目，父亲不满意，则零用钱下调 10 美分；

4. 在任何一周，如果没有可记录的收入或支出，下周的零用钱保持本周水平；

5. 每周末核对账目，如果当周约翰的财政记录合乎规定，但书写或计算不能令爸爸满意，下周的零用钱保持本周水平；

6. 爸爸是零用钱水准调节的唯一评判人；

7. 双方同意至少 20% 的零用钱将用于公益事业；

8. 双方同意至少 20% 的零用钱将用于储蓄；

9. 双方同意每项支出都必须清楚、确切地被记录；

10. 双方同意在未经爸爸、妈妈或斯格尔思小姐（家庭教师）的同意下，约翰不可以购买商品，并向爸爸、妈妈要钱；

11. 双方同意如果约翰需要购买零用钱使用范围以外的商品时，约翰必须征得爸爸、妈妈或斯格尔思小姐的同意。后者将给予约翰足够的资金。找回的零钱和标明商品价格、找零的收据必须在商品购买的当天晚上交给资金的给予方；

12. 双方同意约翰不向任何家庭教师、爸爸的助手和他人要求垫付资金（车费除外）；

13. 对于约翰存进银行账户的零用钱，其超过 20% 的部分，爸爸将向约翰的账户补加同等数量的存款；

14. 以上零用钱公约细则将长期有效，直到签字双方同时决定修改其内容。

知识小讲堂

约翰·D. 洛克菲勒（1839 ~ 1937）美国实业家、超级资本家，美孚石油公司（标准石油）创办人。出生于纽约州里奇福德镇，父亲威廉·埃弗里·洛克菲勒是一个无牌游医，母亲伊莱扎·戴维森是一个虔诚的浸理会教徒。洛克菲勒是全球历史上除君主外最富有的人，是世界公认的“石油大王”。

这封家信被看作洛克菲勒家族最成功的教育方式之一，直到今天还影响着这个庞大而富有的家族以及所有年轻人。也许正是这种对待财富的平和心态以及无论是贫穷还是富有都对自己保持严格的要求，才让这个传奇般的家族直到今天都基业常青，让每一位洛克菲勒家族的成员都由衷地感到骄傲。

担当男孩智囊

19 世纪的俄国著名作家陀思妥耶夫斯基说："如若你想征服全世界，你就得征服自己。"在生活中的诸多诱惑面前，管理自己是非常不容易的，但也正因为如此，自律成为我们最需要磨炼的能力之一。

担当男孩成长箴言

◎ 为自己而自豪

生活中，我们常常觉得拥有巨额财富、耀眼地位的人最应该自豪，也常常羡慕他们所拥有的一切。但事实上，人们的一言一行，也决定了自己是否值得别人尊重，是否应该感到自豪。有些人，虽然拥有了财富，却挥霍无度、为富不仁，还有些人，虽然拥有了地位，却玩忽职守、滥用职权，他们的行为都不能赢得人们的尊重。

在小约翰 · D. 洛克菲勒的故事中，他用一封家信表明了他对下一代的态度，也传递了这个家族的教育理念。财富并不是全部，而言行和品质才是一个人的根本。人们尊重洛克菲勒家族，并不仅仅因为巨额的财富和创业的传奇，更是因为家族成员的一言一行，都能成为表率。

我们之所以要拥有自律的精神，是因为当我们抛开身份、地位、财富、相貌等外在的标签时，只有自己的行为才能让自己感到自豪，也只有严格要求之下所养成的良好品德，才能赢得别人的尊重。

第三章

有担当的男孩，自信面对人生每一天

自信的人生将会呈现出不一样的风景，只有最勇敢的男孩才能自信面对人生每一天。

01 华人篮球之王

姚明，中国著名篮球运动员，2002 年以状元秀身份被美职篮休斯敦火箭队选中，也是迄今为止在美职篮表现最出色的中国篮球运动员。

姚明是中国体育历史上国际影响力最大的运动员之一，被誉为“华人篮球之王”，他所获得的成绩除了天赋之外，更多地来自于刻苦的训练。凭借努力、智慧、坚韧和自信，姚明逐步成为一代巨星。

很多人看到姚明的身体天赋之后，认定他能够轻而易举地获得成功，然而，他们忽视了很重要的一点：曾经很多天赋出众的球员，却没有一个人取得了姚明所取得的成绩。

当年，人们经常将姚明和王治郅作比较，而姚明本人并不喜欢这样的比较，他说：“我们并不是一类打法一种类型的球员，若非要放在一起比较，我觉得挺困难的。我就是我自己，有长处也有不足，我会学习别人的长处，也会弥补自己的不足。”可见，那时候的姚明就已经表现出十足的自信了。

进入美职篮之后，姚明从一个菜鸟逐渐成长为球队的顶梁柱。最初他在球场的表现并不好，也曾受到批评与嘲讽，但姚明对自己很有信心，他拼命训练，不断进步，越打越好。渐渐地，他的信心变强了，无论遇到多么强大的对手，他都不

知识小讲堂

菜鸟：一般来说，刚刚加入某个团队、组织或者是某个行业时，都需要一段时间适应环境、接受新的事物，处在这个阶段的人，都被称为菜鸟，这也是网络衍生而来的词汇。

再害怕。在他看来，只要坚信自己，就不惧怕任何对手。

担当男孩智囊

萧伯纳曾说过：“有自信心的人，可以化渺小为伟大，化平庸为神奇。”先天的资质固然重要，而自信心更是能否成功的重要因素。利用自身优势，加上自信，才能使“天生我材必有用”成为现实。

担当男孩成长箴言

◎ **自信成就荣耀**

信心对于一个人的成长极为重要，尤其是男孩子，你要相信自己一定能做到。在学习的过程中，难免遇到挫折与困难，而自信心能够帮助你轻松度过。

姚明的故事告诉男孩：人，只有自信，才能自强不息，才能实现梦想。只有充满自信，才能在艰难的环境中保持必胜的信念，最终登上人生巅峰。

一个缺乏自信心的男孩，会因此输掉很多美好的东西，如果你不想变得碌碌无为，就要从小树立自信心。

02 白手起家的最年轻世界首富

比尔·盖茨，全名威廉·亨利·盖茨三世，1955 年 10 月 28 日出生于美国华盛顿州西雅图，企业家、软件工程师、慈善家、微软公司创始人。曾任微软公司董事长、首席执行官和首席软件设计师。

比尔·盖茨很小的时候就表现出强大的自信心，小学四年级时，他就曾对同学说："与其做一棵草坪里的小草，还不如成为一株耸立于秃丘上的橡树。"进入大学之后，他相信自己有能力改变世界，所以果断放弃在哈佛大学读书的机会，开始创业。

比尔·盖茨小时候非常喜欢写日记，他会将自己的想法随手记下来，通过这些日记便能看出盖茨超强的自信心，他曾这样写道：人生是一次盛大的赴约，对于一个人来说，一生中最重要的事情，莫过于信守由人类积累起来的理智所提出的至高无上的诺言。那么诺言是什么呢？就是要干一番惊天动地的大事。

做出一番惊天动地的大事，这样的信念从小便深植于盖茨的内心，足以证明他的自信程度。1970 年，15 岁的盖茨已经表现出惊人的电脑天赋，而且已经达到远近闻名的程度，很多公司都听说了他这位计算机天才，希望与他合作。一家名叫信息科学的公司就找到盖茨，邀请他及其同学保罗帮助公司研发软件。1971 年，湖滨中学又请盖茨帮学校设计一套排课用的电脑软件。

1973 年，美国国防项目承包商饱受电脑问题困扰，他们也想到了盖茨和保罗，两个小家伙再次出手解决了难题。

以上种种经历让盖茨的自信心大增，他觉得是时候开始创业了，所以拉着保罗，放弃了让全世界学子羡慕的哈佛大学的学业，在自家车库创业，开始了改变世界的旅程。多年以后，他真的成功了，这一切都离不开超强的自信心。

知识小讲堂

微软公司，由比尔·盖茨与保罗·艾伦创办于 1975 年，公司总部设立在华盛顿。它是一家跨国的电脑科技公司，是世界 PC 机软件开发的先导，以研发、制造、授权和提供广泛的电脑软件服务业务为主。

最为著名和畅销的产品为 Microsoft Windows 操作系统和 Microsoft Office 系列软件。目前，是全球最大的电脑软件提供商。

担当男孩智囊

达尔文曾说过："我在科学方面所做出的任何成绩，都只是由于长期思索、忍耐和勤奋而获得的。"与达尔文一样，比尔·盖茨的成功也是从小学习思考、积累而得的。正所谓，天才出少年，少年多勤奋。

担当男孩成长箴言

信心影响你的人生

自信是成功不可缺少的因素，对于一个有担当的男孩来说，从小培养自信非常重要，它将对你的人生产生重大影响，甚至改变你的命运。

每个人在面临失败的时候，都会认为是自己能力不济，实际上，最大的原因在于缺乏自信。许多人错误地认为自信是天生的，其实自信心完全来自后天培养。因此，只要在小时候养成自信的习惯，那么长大后对于人生和工作会有极大帮助。

一个有担当的男孩，一定要记住，切不可丧失自信，否则将会影响一生。

03 选对了"椅子"

鲁契亚诺·帕瓦罗蒂，世界著名男高音歌唱家，被誉为"世界三大男高音"之一。帕瓦罗蒂生前在回顾自己职业生涯时说："当我还是一个孩子时，我的父亲，一个面包师，就开始教我学习唱歌。他鼓励我刻苦练习，培养嗓子的功底。当时，我兴趣广泛，有很多爱好和目标。父亲告诫我说：孩子，如果你想同时坐两把椅子，你就会掉到两把椅子之间的地上。在人生道路上，你应该选定一把椅子。”

当时，帕瓦罗蒂就读于一所师范院校，毕业之际，摆在他面前的有两条路，一条是按部就班成为一名老师，另一条则是选择自己从小就喜欢的歌唱事业。帕瓦罗蒂非常喜欢唱歌，曾经无数次幻想成为一名歌唱家，然而已经过了爱幻想年纪的帕瓦罗蒂很清楚，成名之路布满诸多艰辛，是做一名教师还是追寻歌唱家的梦想，这让帕瓦罗蒂犯了愁。

知识小讲堂

大都会歌剧院，是纽约地标性建筑，世界级歌剧院。始建于1965年，是纽约林肯表演艺术中心的核心部分，建筑风格既古典又现代，可以同时容纳四千多名观众，是全世界屈指可数的大剧院之一。

当他向父亲求教时，父亲告诉他：“如果你想同时坐在两把椅子上，你可能会从椅子中间掉下去。生活要求你只能选一把椅子坐下去。”

帕瓦罗蒂考虑了很久，最终强大的自信心让他相信，自己一定可以在歌唱事业方面做出成绩，因为他相信自己的嗓子一定可以征服世界。坚定了选择之后，帕瓦罗蒂开始了漫长而又艰辛的练习，经过7年的专业训练，他终于迎来了第一次登台演出的机会。演出非常成功，这也让他坚信自己的选择是正确的，之后又用了7年时间，他等来了进入大都会歌剧院演唱的机会。而当第三个7年结束时，他已经成为举世瞩目的歌唱家。

自信总能让人圆梦，当年，帕瓦罗蒂正是坚定地选择了歌唱事业，为自己“选定了一把椅子”，最终成就了他伟大的人生。

担当男孩智囊

汪国真在《热爱生命》中曾写道：“既然选择了远方，便只顾风雨兼程。既然目标是地平线，留给世界的只能是背影。”慎重的选择，坚持不懈的努力和乐观自信的心态，是走向成功的不二法门。

担当男孩成长箴言

◎ 成就明天的唯一障碍，是对今天的怀疑

业余时间我们都有广泛的兴趣爱好，这对于年纪尚轻的男孩来说是件好事。多多接触这个五彩斑斓的世界，了解不同的社会分工，勇于尝试各种各样的事情，这样我们不但见识多了，眼界也开阔了。正因为有了如此广泛的涉猎，我们才知道自己喜欢做什么，爱做什么，今后步入社会才更有方向和目标。就像儿时的帕瓦罗蒂，他也有很多爱好，但是他从众多爱好中找到了一个自己最自信、最得心应手的爱好，这也为他以后成名成家奠定了基础。

作为一个有担当的男孩，也要像这位大师学习，从自己的爱好中挑选出最喜爱和最拿手的一个，目标明确地坚持下去。也许我们不一定都能成为大师，但是慎重的选择和坚定的自信是可以引导我们走向成功的。不仅仅是爱好，学业，事业，人生中面临的众多选择，我们都要慎重，坚定和自信，这样的人生才是无憾的人生。

男孩要永远记住：成就明天的唯一障碍，是对今天的怀疑。只要相信自己，未来一切皆有可能。

04 被弹劾的美国总统

理查德·米尔豪斯·尼克松，第37任美国总统，也是美国历史上唯一一位在任期内辞职的总统。尼克松在1952年竞选成功，担任了8年副

知识小讲堂

弹劾，是指由法律或宪法设定的，当享有特别权利（或豁免权）的政府高级官员或者法官等有特定的违法行为（如叛国，腐败或与其职业道德不相符的行为等）时，对其进行刑事追诉的一种程序。

总统；于1960年参选总统，输给了肯尼迪；1962年参选加利福尼亚州州长，又以失败告终。直到1968年，他再度参选总统并成功胜出。

即便是美国总统尼克松，也有不自信的时候，他因为不自信而毁掉了自己的政治前程。1972年，尼克松竞选连任。由于他在第一任期内政绩斐然，所以大多数政治评论家都预测尼克松将以绝对优势轻松胜出。然而，尼克松之前经历过很多次失败，他担心无法连任，在这种潜意识的驱使下，他竟然做了一件后悔终生的事。尼克松指派手下的人潜入竞选对手总部的水门饭店，在对手的办公室里安装了窃听器。事发之后，他又连连阻止调查，推卸责任，结果在选举胜利后不久便被弹劾，导致其被迫辞职。本来稳操胜券的尼克松，因为缺乏自信害怕失败而最终失去了总统宝座。

担当男孩智囊

李嘉诚说：“人生自有其沉浮，每个人都应该学会忍受生活中属于自己的一份悲伤，只有这样，你才能体会到什么叫作成功，什么叫作真正的幸福。”不自信的心态是每个人都曾遇到过的悲伤，但沉溺悲伤不能让我们摆脱不幸，只有勇敢面对，积极思索对策，才能迎来曙光。正如诺贝尔文学奖获得者赫尔曼·黑塞所说：“当我们不幸的时候，不能再好生忍受生活的时候，一棵树会对我们说：平静，平静，瞧着我！”

担当男孩成长箴言

信心的考验

自信是发自内心的力量，也是无人能挡的勇气。对于尼克松来说，缺乏了这种自信，便缺失了这种强大的力量和勇气。

在我们的生活中，压力无处不在，竞争也随处可见，这些压力和竞争无一不是对我们信心的考验。

我们要明白，在困难面前，自信能让人勇往直前，而缺乏自信的人则有可能畏首畏尾，像尼克松一样做出后悔终生的事。

05 硬币之星创始人的蜕变

默巴克出生于一个普通的美国家庭，甚至因为贫穷而饱受歧视，但他始终相信自己一定会富裕起来，所以一直在为此努力。19 岁时，他考入美国名校斯坦福大学。因为家境贫困，他不能像富家子弟那样悠闲自在，不得不利用课余时间四处兼职赚钱。

默巴克向校方提出申请，包揽了学生公寓打扫卫生的活儿。在一丝不苟的打扫过程中，默巴克经常在墙脚和床铺下面清扫出一些硬币，然而当他找寻失主时，同学们都很不屑，“不就是几枚破硬币吗？不嫌弃就拿去好了。”

虽然他们语带讥讽，但默巴克一点儿都不尴尬，他将这些脏兮兮的硬币都捡了起来。第一个月下来，默巴克竟然捡到了500多美元的硬币。兴奋之余，默巴克将这件事反映给国家有关部门。没想到，他很快收到财政部的回信：

“正如你反映的那样，国家每年有310亿美元的硬币在市场上流通，却有105亿美元被人随手扔在墙脚和别的地方，虽然多次呼吁人们爱惜硬币，但收效甚微，我们对此也无能为力。”

读到这里，默巴克意识到了潜在的巨大商机。从此，他便用心收集关于硬币方面的资料。1991年，默巴克大学毕业后并没有像其他学生那样急着找工作，而是选择自己创业，成立了公司，命名为“硬币之星”。他购买了自动换币机，安装在附近的各大超市。顾客每兑换100美元硬币，他会收取9%的手续费，所得利润与超市按比例分成。

没想到，公司一开张，生意便异常火爆。很快，默巴克将“硬币之星”的业务扩张到整个美国，获得巨大成功。不到十年，他由当年的穷小子，摇身变成了亿万富豪，他的“硬币之星”也在纳斯达克上市。

默巴克始终坚信自己会成功，他对自己的能力深信不疑，于是向着目标不断努力，结果正如他设想的一样，他不仅成功“脱贫”，还成为超级富豪。

知识小讲堂

硬币之星，美国一家专门兑换硬币的公司，由斯坦福大学学生默巴克于1991年创办。公司订制了自动换币机，顾客只需将手中的硬币倒进机器，机器便会自动点数，最后打出一张收条，写明硬币的价值，顾客凭条到超市服务台领取现金。而硬币之星公司收取约9%的手续费，所得利润与超市按比例分成。“硬币之星”自从创建以来便大获成功，目前，已在全美8900家主要的超市连锁店设立了10800个自动换币机，并成为纳斯达克的上市公司。

担当男孩智囊

诗人李白的《将进酒》中有“天生我材必有用，千金散尽还复来”的诗句，又有“是金子总会发光的”，“人尽其才，物尽其用”这种谚语。说明人只要乐观自信，坚持自己，就会守得云开见月明。

担当男孩成长箴言

◎ 天生我材必有用

人生是一场奋斗的过程，你也许家境贫穷，但并不意味着未来也要受穷，只要通过不断拼搏奋斗，就能够改变命运。这时候，贫穷的家境再不是你的负担，反而成为你的动力，你发誓要改变这一切，而你对自己信心满满，充满干劲。

在通往成功的道路上，每个人的前面都有一座大山，翻过这座山，你将见到一个美丽的新世界。站在山脚下的你，会动摇，会犹豫，会彷徨不前。你要问自己，是否想去到那个梦想中的世界，是否想见到世外桃源。如果你的答案是肯定的，那么就要相信自己，你一定会翻过险峻的山峰，当你终于登上顶峰，无限的风光便会尽览眼底。

作为一个有担当的男孩，要学会给自己鼓掌，给自己加油，始终记住“天生我材必有用”！

06 人生没有不可能

约翰·库提斯，世界著名潜能激励大师，1969 年 8 月 14 日出生于澳大利亚，天生双腿残疾，17 岁因同学用小刀将毫无知觉的腿切得血肉模糊，伤口感染，被迫切去下肢。

库提斯无法安装假肢，又拒绝使用轮椅，他坚持用一双手行走世界；

知识小讲堂

潜能激励，指的是演讲家通过亲身经历，利用激励、宣传、鼓劲等手段成功激发个人潜能的方式。潜能激励在前几年比较流行，是成功学的一种激励方式。在某种程度上，确实可以激发个人潜能，增强信心，但也不能盲目相信。

从他出生时起，医生就不断地预言他的死亡，但时至今日，他依然活跃在讲台上，仍在周游世界，并且用他的亲身经历告诉世人：永远别对自己说不可能。

库提斯天生严重残障，却像健康人一样生活：开车、举重、打网球，并且取得了难以置信的运动成绩；他的残疾本会使他成为别人同情的对象，但他却以充满激情和睿智的演讲激励了许多人，帮助他们改变了自己的生活；他曾经历了无数的折磨与困厄，甚至包括死亡的威胁，在人们眼中，他能够活下来便是一个奇迹，没人期待者或者说没人相信他能做得更多。然而，库提斯用自己的行动告诉世人，生活永远存在着变数，太多的可能性构成了这个五彩缤纷的世界。

约翰·库提斯创造了一个真正的生命奇迹，他用自己的生命历程告诉我们：生活中没有“不可能”的事！他经常这样鼓励人们，只要相信自己，一切皆有可能。

担当男孩智囊

拉劳士福古曾说过：“我们对自己抱有的信心，将使别人对我们萌生信心的绿芽。”一个人首先要对自己有信心，这样人生才会有更多可能。同时，你的信心将会感染别人，让大家对你抱有信心，这样就会产生双重能量。

担当男孩成长箴言

你对现状感到满意吗？如果你的答案是否定的，为什么不作出改变呢？难道说你认定这辈子就这样了？你认命了？

要知道，生活充满了各种可能性，谁的命运都不是一成不变的，关键在于是否相信自己，是否有勇气作出改变。

为什么许多人渴望拥有优质的生活，却一直处于自己不满意的状态中？为什么有些人才华出众，却无法得到认可，没有取得突出的成就？为什么有些人无数次与机会擦肩而过？为什么……

因为他们认命了，他们相信了不该相信的三个字——“不可能”。当一个人对自己说出这三个字的时候，无论他有多么强烈的渴望或者对现状多么的不满，他都会放弃所有的努力；不论成功离他多么近，他也会视而不见，任其消失。

“不可能”三个字就像一个魔咒，会牢牢束缚我们的头脑和身体，让人意志消沉，安于平庸，不思进取，生命中的一切可能性就此消失。因此，当你对自己说出“不可能”三个字时，就是将内心的渴望埋葬，你认输了，生活对你来说，不再有任何可能性。

“不可能”不仅阻止人们接近成功，还让人们放弃理想，否定自我，甚至成为妨碍他人和社会进步的障碍。“不可能”会把人类最伟大的梦想都说成是空想、白日梦，认为所有的付出都是徒劳无益。

一个有担当的男孩，永远别对自己说“不可能”！

07 乐观的人更容易成功

和田一夫，1929年出生于日本，全家以经营蔬菜为生。大学毕业后，和田一夫继承了八佰伴公司，通过半个世纪的奋斗，将一家普通的乡村蔬菜店，建设成为在世界各地拥有400家百货店和超市，员工总数达28000人，鼎盛期年销售总额突破5000亿日元的国际流通集团。

然而，1997年，因为经营不善，和田一夫的八佰伴公司破产了，已到古稀之年的老人不得不从头再来。

对于这位世界级企业家的遭遇，人们议论纷纷。有人认为他将心随天命，在失败的悔恨中了度残生；有人认为他可能承受不住，一病不起；甚至有人认为，他可能会以极端的方式结束自己的生命。只有少数人认为，老头将东山再起。

事实正像极少数人预测的那样，和田一夫并没有因此颓废，反而依然精力充沛地出现在人们的视野中。沉沦了一段日子之后，和田一夫与几个年轻人携手合作，开办了一家网络咨询公司，向自己完全陌生的IT领域进军，因为他当时已经看出未来互联网

知识小讲堂

八佰伴，是日本一家大型连锁零售商店，目前，绝大多数分店已被收购及改名。1930年，由和田一夫的祖父创建，经多年经营，到20世纪90年代，全盛时期的八佰伴在世界16个国家共有450家分店。由于盲目扩张，加上1997年亚洲金融风暴的影响，八佰伴于1997年9月18日在日本按照会社更生法申请破产，当时其负债高达1610亿日元，是当年日本最大的零售业破产事件。

领域的巨大潜力。

面对全新的行业，老人并没有显得畏首畏尾，反而以乐观的态度，虚心学习。由于拥有多年成功的经商经验，再加上好学的精神，没多久新公司的生意就火爆起来。仅用了一年时间，那位成功的企业家又回来了。

当记者采访和田一夫，如何在这么短的时间内东山再起时，老人开心地笑了起来，久久不语。记者等了半天，老人也没有说话，而是又忙自己的事了。记者疑惑地又再次提起这个话题，老人第二次大笑起来，并回答说："其实，我已给出答案！"此时，记者才恍然大悟，原来老人东山再起的法宝就是乐观。

担当男孩智囊

捷克作家伏契克曾说过："我们曾经为欢乐而斗争，我们将要为欢乐而死。因此，悲哀永远不要同我们的名字连在一起。"和田一夫之所以能够在古稀之年东山再起，是拥有一颗快乐的心。没有乐观的态度，将会在困难降临时陷入绝境，唯有乐观，才能带我们走出困厄之境。

担当男孩成长箴言

◎ 乐观的人永远看到希望

生活就是一束阳光，你站在阳光中，就会感到温暖与光明。如果你站在阴影中，就不会享受到阳光的恩赐。

快乐的人心向阳光，悲伤的人永远躲在阴影之中。所以，面对阳光和阴暗两种心态，完全由自己做主。选择前者，你将积极快乐地向前走；选择后者，你将沉沦悲观沮丧，举步不前。

世上没有绝望的处境，只有对处境绝望的人。想要做出一番事业，就要敢于面对人生中的风风雨雨，如果每个人都能轻易成功，那么全世界就都是老板了。

在困难的时刻，甚至在别人看来最绝望的时候，只有乐观可以拯救我们。作为一个有担当的男孩，无论在学习、生活还是未来的工作中，都要保持积极乐观的心态，这样才能拥抱成功。

08 快乐的心情取决于心境

苏格拉底是著名的古希腊哲学家，与柏拉图和亚里士多德并称为“希腊三贤”。他被后人广泛认为是西方哲学的奠基者。

当年，苏格拉底还是一个单身汉的时候，和几个穷苦的朋友一起挤在不足十平方米的小屋内，生活十分不便，屋子里的人都为此闷闷不乐，只有他一天到晚总是笑呵呵的。有人问他：“住在这样的房子里，转身都费劲，你还乐得出来？”苏格拉底却说：“朋友们都在一起，随时随地交流思想，这难道不是很值得高兴的事儿吗？”

过了一段日子，朋友们因为无法忍受这样的环境都搬走了，屋子里突然空空荡荡，只剩下了苏格拉底一个人。然而，他每天仍然过得自在快活。那人又问：“这回就剩你一个人了，那么孤单，有什么好高兴的？”“我有很多书啊，我可以安安静静地读书，这怎么能不令人高兴呢？”

几年后，苏格拉底告别了单身汉的日子，他成家了，不再住在那间小屋内，而是搬进了一座七层高楼。他的家在最底层，这是整座楼里最差的楼层，嘈杂的环境，来往不停的人群，污水满地，没想到苏格拉底每天还是快快乐乐，一副喜气洋洋的样子，那个人好奇地问：“你住这样的环境，依然感到高兴吗？”“是呀！你不知道住一楼有多少好处！不用爬楼，不用费力搬东西，朋友来访进楼就是我家，不用辛苦爬楼拜访。你知道吗？最让我满意的是，我家前面有一片空地，可以种菜，种花，多有意思啊！”

一年之后，苏格拉底把一层的房间让给了一位朋友，因为他的朋友家有一个偏瘫的老人，上下楼很不方便，而他自己则搬到了最顶层，每天，他仍是快快乐乐。

那人揶揄地问：“先生，想必住在七楼也有许多好处吧？”苏格拉底说：“是啊，好处多着呢！每天我能够爬楼锻炼身体；七楼不仅光线好，环境好，而且风景还好，每当看书写文章累了，可以看看远方让眼睛休息一下；另外，这里很安静，没有人打扰。”

后来，那人遇到苏格拉底的学生柏拉图，他问：“你的老师总是那么快快乐乐，可我却觉得，他每次所处的环境并不那么好呀！”柏拉图告诉他：“决定一个人心情的，不在于环境，而在于心境。”

知识小讲堂

偏瘫，又叫半身不遂，是指一侧上下肢、面肌和舌肌下部的运动障碍，是急性脑血管病的常见症状。轻度偏瘫病人能够勉强活动，但走起路来上肢屈曲，下肢伸直，瘫痪的下肢走一步划半个圈，这种特殊的走路姿势，叫作偏瘫步态。重度偏瘫患者则基本丧失生活自理能力。

担当男孩智囊

托尔斯泰在《童年少年青年》中曾写道：“幸福并不存在于外在的因素，而是以我们对外界原因的态度为转移，一个吃苦耐劳惯了的人就不可能不幸福。”如此可见，快乐幸福与外界环境并无多大关联，而是取决于我们看待外界因素的态度。

◎ 心境决定心情

决定一个人心情的，不在于环境，而在于心境。快乐的人再苦也是乐呵呵的，不快乐的人再幸福也是一脸苦闷。

人生旅途不可能总是一帆风顺，每个人都要经历艰难的岁月，短时间内的不如意是常有的事，但只要能够保持快乐的心境，就不会被这些烦心事所扰。因为他们清楚，总有一天，一切困难都会过去，生活还是会向着更好的方向发展。

人生犹如一列匆匆而过的动车，光阴易逝，所以不必在苦闷中度过。苦也一天，乐也一天，你又何必为琐事烦恼呢？

有担当的男孩们，从小就要养成乐观的心态，这会让你受益匪浅，你一生都不再被烦恼纠缠。

09 手杖

奥诺雷·德·巴尔扎克，法国小说家，被称为“现代法国小说之父”，学的是法律专业，却对文学产生了极大兴趣，于是不顾父母反对，毅然走上文学创作道路，但是第一部作品五幕诗体悲剧《克伦威尔》却完全失败。

这位世界大文豪写作初期相当不顺利，家人本想让他成为一名律师，但是他却爱上了写作，整日埋头创作，后来甚至脱离了父亲的生活。由于出生于中产家庭，父亲早就给他规划好了一条不错的发展路线，为了逼迫儿子回头，没过多久，便不再为他提供任何生活费用。

雪上加霜，巴尔扎克不断地被出版社退稿，一时间，他陷入了困境，生活异常拮据。惨到什么程度呢？每天只能靠面包和白开水度日。但此时的巴尔扎克已经迷上了写作，这些困难在他眼里完全不是阻碍，他不仅没有感到焦虑，反而快乐地投入到写作之中，因为这让他感到人生的意义。

巴尔扎克乐观的天性到了什么程度呢？每到吃饭的时候，因为拮据没东西可吃，他就在桌子上画出一只只盘子，在盘子上面写着“香肠”“火腿”“奶酪”“牛排”等各种美味佳肴。然后，想象着自己狼吞虎咽吃下这些美食的情景，心里也就满足了。实际上，他只是在嚼着干瘪的面包而已。

巴尔扎克虽然没钱吃饭，但却花了700法郎买了一根镶嵌着玛瑙宝石的粗大手杖，并在手杖上面郑重地刻了一行字：“我将粉碎一切障碍。”这根手杖成为巴尔扎克的精神支柱，也是他乐观精神的保障，每当他陷入艰难困苦的时候，他都会拿出这根手杖，轻轻抚摸上面的宝石，并默念那句“我将粉碎一切障碍”。

正是这句坚定豪迈的名言，支持了他奋斗的一生。在后来的日子里，巴尔扎克克服了众多困难，笔耕不辍，终于在文学领域获得了巨大的成功，成为受人敬仰的文学大家。

一个乐观的人，整个世界都会为他让路。让我们永远记住巴尔扎克的那句名言：“我将粉碎一切障碍。”

知识小讲堂

法郎：1360年法国国王让二世为纪念自己重获自由，返回法国，下令铸造钱币，并“自由”命名。“自由”一词的法文是FRANC，音译为中文便是“法郎”的意思。从1360年法郎金币的铸造算起，法郎堪称世界上最古老的货币之一。在2002年1月1日欧元发行之后，法郎已逐渐停止流通。

担当男孩智囊

文学家列夫·托尔斯泰曾说过："生活，就应当努力使之美好起来。"人生的道路都是由心来描绘的。所以，无论处于多么严酷的境遇之中，保持乐观，始终相信希望，就能战胜所有困厄。

担当男孩成长箴言

乐观是走出困难的手杖

生活中，最不缺的就是困难，面对大大小小的困难，只有乐观的人才能始终保持平和的心态，不被困难所扰，最终战胜它们。可以说，困难是生活的一部分，没有谁可以逃避，所有有担当的男孩必须做好心理准备，如果你总是过分担忧困难，迟早会筋疲力尽，最终被困难打倒。

其实，困难最怕的就是乐观的人，因为无论身处何种境地，乐观的人都会一直坚持，并相信最终能够战胜困难。面对这样的人，困难便毫无办法，最终落荒而逃。

困难并不可怕，可怕的是你因此而逃避现实。乐观是对抗困境最有力的方法。换个角度看问题，苦中作乐，不忘初心，方得始终。相信的力量，明确自己的目标，坚定不移，用乐观的心态，藐视一切困难。在困难中顽强坚持，终有一天，你也会像故事里的巴尔扎克一样，用乐观这根手杖，粉碎一切障碍。在走向胜利的道路上，握紧自己的手杖。

10 马粪堆中的小马驹

罗纳德·威尔逊·里根，他是一位具有传奇色彩的美国总统；他是第一位由影坛跨入政坛的总统；他是当选时年龄最大且最长寿的总统；他是中美两国建交后首位在任时访华总统；他没有学过经济专业，却创立了“里根经济学”；他是最受共和党人推崇的20世纪美国总统。2005年，他被美国在线探索频道评为“最伟大的美国人”。

里根是美国的第40任总统，他的乐观和自信给美国以及全世界人民留下了深刻的印象，而乐观性格的养成则源于他的少年时代。

当里根还是一个小男孩的时候，发生过这样一件事：有一次，父母为了让他体验生活的艰辛，故意将他锁在一间堆着马粪的屋子里，之后父母便离开了。一段时间之后，父母放心不下，于是回去看看小里根，怕他受不了大哭大闹。没想到，里根非但没有哭闹，反而兴致勃勃地铲着那些马粪。他对着惊讶的父母兴奋地说道：“周围这么多马粪，我知道，在这附近的什么地方，准有只小马驹。”

在里根还是一个孩子时，乐观的天性就已经显现出来，这也为他一路走到总统宝座奠定了基础，因为在这个过程中，他所遇到的困难是常人无法想象的，一个缺少乐观

知识小讲堂

总统，共和制国家最高行政国家元首的名称。一般由直接选举或间接选举产生。各国总统任期不一。例如，美国总统经普选产生，任期4年，可连选连任，但连选连任原则上不得超过2届。德国总统则由间接选举产生，任期5年，可连选连任1次。

精神的人不可能走到最后。

担当男孩智囊

爱默生说："坚信自己的思想，相信自己心里认准的东西也一定适合于他人，这就是天才。"他还曾用"自信是英雄的本质"这句话来表明自信的重要性。在面对困难时，多想想自己的优点和长处，多说几遍"我能行"，都能帮助我们建立自信心。自信是一种心态，是帮助我们走出困境的原动力。

担当男孩成长箴言

细微之处发现美好

乐观是一种在细微之处发现美好的能力，这种能力让我们在黑暗中窥见光明，在绝望中看见希望。一个乐观的人，无论生活多么艰难，世界对于他们来说都是美好的，他们始终相信，美好的事情将会在下一秒发生。对他们来说，只看得到希望，而看不到绝望。

乐观的性格大都来自于天性与孩童时期的培养，想要拥有一个灿烂幸福的人生，就要从小培养乐观的天性，在未来面对人生困难的时刻，乐观的精神会帮你挺过去。

里根由于小时候就表现出乐观的天性，帮助他一路走来，直至坐上美国总统的宝座。试想，一个消极悲观的人，怎么能够领导美国人民？

乐观的人能够照亮整个世界，从小培养，你的人生就会充满快乐。

第四章

有担当的男孩，待人宽厚礼貌有涵养

一个有涵养的男孩受人喜欢，一个有涵养的男孩受人尊重，宽容待人更是男孩们的一种至高境界的修养。

01 尊师重道“程门立雪”

“程门立雪”这个成语想必很多人都听说过，它讲的就是宋代著名理学家杨时求学的故事。杨时从小就表现出很强的学习天赋，7 岁写诗，8 岁作赋，被村里人称为“神童”。15 岁时攻读经史，熙宁九年登进士榜。

杨时不仅在学问上有所成就，他的人格更是令人钦佩，堪称典范。一年，杨时赴浏阳县令途中，因与友人对一个问题争论无果，特意前去拜师程颐，希望去向老师程颐讨教。当时正值隆冬时节，天气寒冷，杨时与友人行至半途就赶上了暴风雪，寒意刺骨，两人只好加快脚步。

他们来到程颐家时，适逢先生在炉旁打坐养神。杨时二人见老师正在休息，不敢贸然打扰，便毕恭毕敬地守在门外。暴风雪一直下，两个人也被冻得直打哆嗦，然而他们就这样静静地伫立在门外，等待老师醒来。

> **知识小讲堂**
>
> 赋，由楚辞衍化而来，继承了《诗经》讽刺的传统。诗是用来抒发主观情感的，华丽而细腻；赋是用来描绘客观事物的，爽朗而通畅。

过了良久，程颐一觉醒来，从窗口望出去，才看到在风雪中冻得双手发抖的两人，遂起身迎他俩进屋。这就是“程门立雪”的故事，该典故也作为尊师重道的千古美谈流传至今。

担当男孩智囊

尊师重道是中华民族的传统美德，值得每一个男孩学习，要做到这一点，就要重视自身修养，同时还要具备强烈的社会责任感和积极进取精神。正如诗中所写："春蚕到死丝方尽，蜡炬成灰泪始干。"

担当男孩成长箴言

◎ 尊敬师长，传承美德

尊敬师长是中华民族的传统美德，这其中包含着对老师的敬爱和感恩之心。杨时"程门立雪"的故事让我们看到了中华礼仪之美，尽管当时的杨时已经小有所成，但他对待能够给予自己知识的老师仍然恭敬、爱戴，这都源于内心的感激之情。

如今，作为学生，也应懂得感谢师长的教诲，是老师教我们读书写字，教我们做人，因为他们的谆谆教诲，我们才能成长为一个真正的人。

懂得感恩，才会懂得付出，像尊重长辈一样尊重老师，这是每一个男孩应该做到的事。杨时的故事虽然已经过去了千百年，但他给予我们的道德启示却流传至今，值得我们思考和学习。

02 管鲍之交的故事

春秋时期，鲍叔牙和管仲二人是非常要好的朋友，彼此有着很深的友谊。管仲家境贫穷，鲍叔牙便与他合伙做生意，投资时，鲍叔牙总比管仲多出一些本钱，但分利时，管仲每次都要多得一些。鲍叔牙的朋友们知道了这件事，认为他太傻了，纷纷为他鸣不平。但鲍叔牙却不气不恼地说："管仲并不是贪财，而是他家里穷呀！"

知识小讲堂

谋士，是指那些为国家立法、行政以及相关决策活动，提供个人智力成果并发挥重要作用的人。一般来说，他们具有“仕”的背景，没有“官”的身份。古时的谋士相当一部分“学而优”却不能“仕”的读书人，常以“门客”、“军师”、“幕僚”等身份。

管仲几次帮鲍叔牙办事都出了差错，而且三次做官都被撤职，朋友们都劝鲍叔牙不要再与这种人合作，因为他没有才干。鲍叔牙则说：“并非管仲没有才干，只是他没有碰上施展才能的机会而已。”

在战场上，别的士兵都向前冲，只有管仲总是向后躲闪，他一共被三次征兵，但三次都做了逃兵。人们纷纷讥笑他是一个贪生怕死之徒，只有鲍叔牙站出来为他说话：“管仲不是贪生怕死之辈，他家里有老母亲需要奉养啊！”

之后，鲍叔牙成为齐国公子小白的谋士，而管仲却为齐国的公子纠效力。两位公子为继承王位打得不可开交，管仲曾驱车刺杀公子小白，小白装死骗过管仲，幸免于难，之后连夜赶回国内继承了王位，称为齐桓公。不久，公子纠被杀，管仲也成了阶下囚。

齐桓公登位后，拜鲍叔牙为相，并准备杀管仲报一箭之仇。鲍叔牙听说之后坚决辞掉了相国之位，反而推举管仲，并劝说齐桓公为了国家大计应不计前嫌，任用管仲为相国。在鲍叔牙的力荐之下，齐桓公对管仲委以重任。此后，正如鲍叔牙所言，管仲的才华逐渐施展出来，最终辅佐齐桓公成为“春秋五霸”之一。

担当男孩智囊

宽容是化解人与人之间的矛盾和误会的良药，它是一团无形的火，能融化仇恨，能化干戈为玉帛；能够把仇恨变为欣赏，把敌视变为友谊。从古到今，宽容都是一种可贵的美德。现代社会压力很大，人们似乎变得越来越刻薄，这是一种不好的社会风气，要知道，人与人之间是需要彼此帮助，互相扶持的，而唯有宽容的胸怀才能够赢得人们的尊重与爱戴。因此，每一个有担当的男孩都要学会宽容。

担当男孩成长箴言

◎ 比天地更为宽广的是人心

真正有修养的人都能够在生活中体谅他人。我们要知道，人无完人，每个人都有各种各样的缺点，但如果我们选择宽容大度，不斤斤计较，学会控制情绪，那么就能少一些矛盾，多一些美好。在遇到不愉快的事时，我们要保持心态平和，多设身处地地为他人着想，不要过多争辩，宽容大度，这样也是对自己情绪的保护。

时间宝贵，不懂宽容的人会将时间浪费在斤斤计较上，那么哪里还有时间实现自己的梦想呢？男孩们，学会宽容，少些计较，你要知道，比天地更为宽广的是人心，而一个胸怀宽广之人，一定能在未来开创一番自己的事业。

对于鲍叔牙来说，管仲虽然才华出众，值得交往，可确实给自己带来了不少麻烦。但鲍叔牙始终以宽厚的心态待人，最终，两个人不仅结下了深厚的友谊，也各自拥有了大好前程。

03 何必追究

狄仁杰，唐朝著名宰相，刚正廉明，执法不阿，以身护法。一生上承贞观之治、下启开元盛世的武则天时代，为国贡献卓著。

狄仁杰性格宽厚，有一次，武则天派宰相张光辅前去讨伐造反的李贞，由于有百姓的支持，叛军李贞很快被打败，全家被逼自尽而亡。李贞一家死后事情并未结束，他的党羽还有两千多人，全部被张光辅判了死刑。当时，狄仁杰在豫州做刺史，听闻此事，连忙写了一封奏章给武则天，表示李贞的党羽多是被胁迫，并不是存心造反，如果不分青红皂白一律处斩，实在是冤枉，所以请求宽免。武则天认为狄仁杰说得有道理，便免去李贞党羽的死罪，改为发配到边疆服役。

成功剿灭叛匪之后，张光辅趾高气扬，纵容手下的兵士四处抢劫，闹得民间鸡犬不宁。狄仁杰实在看不过去，就向张光辅提出了抗议，并当面指出他的诸多罪行。没想到，张光辅因此怀恨在心，马上进京向武则天告状，说了狄仁杰很多坏话，武则天则听信了谗言，把狄仁杰贬到复州去做刺史。幸好过了一阵，武则天及时醒悟，不忍割舍这样一位有才干的手下，于是重新将他调回京城并委以重任。

知识小讲堂

宰相，是古代中国辅助国王（含诸侯国国君）的最高行政官员的非正式通称而非法制上的名称，宰原为“罪人在屋下执事者”，后引申为宰制的意思。中国从“王国”转换成“帝国”后正式称谓有丞相、相国等。

有一天，武则天问狄仁杰：“你

在外面做官时口碑很好，我一时糊涂，听信谗言，把你贬到复州去，你想知道是谁给你告的状吗？”狄仁杰平静地答道：“如果我有过失，就应该把它改掉，要是没有过失，我的心已经很安乐了，何必非要知道给我告状的人呢？”狄仁杰表示不愿追究。

狄仁杰因为功绩卓著，待人宽厚，深得其部下和民众的爱戴。他的品格和言行流传至今，仍然是中华民族传统美德的典范。

担当男孩智囊

马克·吐温说：“紫罗兰把它的香气留在那踩扁了它的脚踝上。这就是宽恕。”我们要知道，宽恕永远要比仇恨美好。只有胸怀开阔，才能宽容别人；只有忠厚淳朴，才能容纳别人。只有懂得了宽恕，人生才能远离仇恨的阴霾，拥有广阔的天地。

担当男孩成长箴言

◎ 只有勇敢者才懂得宽恕他人

塞缪尔说：“世界如一面镜子：皱眉视之，它也皱眉看你；笑着对它，它也笑着看你。”当我们以斤斤计较的心态对待别人时，别人也不会对我们报以宽厚。而当我们以一颗豁达之心面对生活时，生活也将最和谐的一面展示给我们。

马斯洛说：“心态若改变，态度跟着改变；态度改变，习惯跟着改变；习惯改变，性格跟着改变；性格改变，人生就跟着改变。”道出了心态的重要性。无论何时，一颗懂得宽恕的心都会让我们从容面对生活。如果我们面对别人的错误总是斤斤计较，那么我们自己的人生也将与仇恨为伴。而当我们学会宽恕时，人生也随之变得豁达。

在狄仁杰的故事中，面对别人的恶意中伤，他正是以宽厚的心态一笑了之，让他赢得了尊重。

04 包容之心处世

温斯顿·伦纳德·斯宾塞·丘吉尔，英国历史学家、政治家、画家、演说家、作家、记者。1940 ～ 1945 年、1951 ～ 1955 年期间曾两度任英国首相，被认为是 20 世纪最重要的政治领袖之一，带领英国获得第二次世界大战的胜利。

丘吉尔出身贵族，是公爵马尔巴罗家族的后代，显赫的家世一方面让丘吉尔的家庭感受到无尽的荣耀，同时也给他们带来了很多束缚。

丘吉尔的母亲詹妮是美国百万富翁杰罗姆的女儿，1873 年与丘吉尔的父亲伦道夫结婚，后来伦道夫因病去世，詹妮不得不孤苦伶仃地生活。然而，只有四十多岁的詹妮风姿绰约，美丽动人，她与一个只有 25 岁的年轻人相爱了，并发展到谈婚论嫁的地步，这在贵族家庭简直是不可想象的，几乎遭到了所有人的强烈反对。

詹妮伤心欲绝，就在她要放弃的时候，儿子丘吉尔站了出来，给了母亲最大的支持与安慰：“亲爱的母亲，就算全世界都反对您，我也会勇敢地站在您这边，所以，请您也一定要勇敢。”儿子的这份宽容给了詹妮勇气，她义无反顾地披上了婚纱，勇敢地追寻自己的幸福。

知识小讲堂

欧洲国家贵族爵位中，从最低级贵族爵位以上的第五级一般在中文里译作“公爵”，在王或亲王之下，在侯爵之上，是爵位中最高一级。

然而，这桩婚姻维持了十几年就结束了，当丘吉尔已经凭借卓越的才能跻身政坛，60岁的詹妮又要结婚了，这一次，新郎的年纪要比丘吉尔还小。

同十几年前一样，詹妮的决定再次遭到众位亲友的反对，尤其是反对派们。詹妮又一次犹豫了，因为她不想让自己的私生活耽误了儿子的政治前途。宽容的丘吉尔看出了母亲的忧虑，他再一次送上了鼓励的话语："如果让我在我的仕途与您的幸福之间作选择，我心甘情愿地选择后者。请您不要再有任何顾虑，母亲幸福，我才幸福。"

就这样，詹妮再次开始了自己的幸福生活，而丘吉尔一如既往地支持着自己的母亲。除了在母亲的婚姻问题上显示出宽容与大度，丘吉尔在其他方面也表现出宽容豁达的态度，正是丘吉尔这样的为人，为他赢得了人们的尊重。

担当男孩智囊

莎士比亚在名剧《威尼斯商人》中写道："宽容就像天上的细雨滋润着大地。它赐福于宽容的人，也赐福于被宽容的人。"一颗宽容的心，能够让一个人得到世人的尊重与爱戴，学会宽容，是每一个有担当的男孩应该从小养成的习惯，将会对未来大有裨益。

担当男孩成长箴言

如何拥有豁达的胸襟？

宽容是一种修养，是一种品质，更是一种美德。宽容不是胆小和无能，而是一种海纳百川的大度。作为真正的男子汉，要学会宽容，拥有豁达的胸襟。如何做一个胸怀宽广的男子汉呢？

首先，我们要提高个人修养。俗语说“宰相肚里能撑船”，古人修身立德的谆谆教诲早已警示我们，一个具有较高个人修养的人性格才能豁达，对待世事才能心平气和。第二，善于发现他人的优点。在人际交往中，我们难免会发生矛盾，其实很多时候我们都只看到了对方的过错，这个时候，我们如果换位思考一下，去发现一下对方的优点，也许事情的结果就不会那么糟糕。第三，学会与人沟通。一个人只有善于与人沟通，培养良好的协调能力，才能化解矛盾，理解他人。如果我们每个人都能做到以上三点，那么我们都会拥有豁达的胸怀。

男子汉们，学会宽容吧！如果我们能够学会原谅、学会理解，那么我们的生活便会变得更加美好！正如故事中的丘吉尔，如果没有一颗宽容的心，他的生活将会增加多少争吵，减少多少美好。拥有豁达的胸襟并不难，只要多些理解，少些计较，每个人都能拥有宽广的心胸。

05 画家的宽容与伟大

穆律罗是17世纪西班牙最有名的画家和贵族，17世纪的西班牙，社会有着森严的等级划分，不同身份地位的人之间有着极其严格的行为约束。穆律罗是社会名流，在他的奴仆中有一个名叫塞伯斯蒂的青年，尤其喜欢画画。穆律罗发现，当他给学生上课时，塞伯斯蒂经常在一旁偷偷地学习。有时，这个年轻人还会在晚上悄悄潜入穆律罗的画室练习素描，或者是画上两笔过过瘾。要知道，他只是一个仆人，以他的身份根本不可能学习作画。

有一次，塞伯斯蒂突然来了兴致，偷偷跑进主人的画室，非常专注地画了起来。后来，穆律罗和他的贵族朋友们来到画室，发现了这个年轻人，然而塞伯斯蒂由于专心作画，根本没有意识到，而穆律罗也没有惊动他，只是在他身后默默地看着。

当塞伯斯蒂聚精会神地画完最后一笔，才意识到身后有人，猛然回头才发现主人回来了，吓得他赶紧跪下认错。要知道，在当时，犯了这样的错误，很可能会被主人处死。但出乎塞伯斯蒂的意料，穆律罗并没有责罚他，只是平静地让他离开了画室。

知识小讲堂

素描，广义上的素描，涵指一切单色的绘画，起源于西洋造型能力的培养。狭义上的素描，专指用于学习美术技巧、探索造型规律、培养专业习惯的绘画训练过程。

此后的几天，这件事在贵族们之间传开了，当所有人都在议论穆律罗会如何处罚这个仆人时，一个消息让所有人都震惊了。穆律罗非但没有责罚塞伯斯蒂，反而给了他自由，还收他做了自己的弟子。在当时的社会环境下，穆律罗的做法简直不可理解，甚至可以用天理不容来形容。

后来，贵族们对于穆律罗的做法非常不理解，开始疏远他，而且不再买他的画。对此，穆律罗不以为然，他说塞伯斯蒂将是他最大的骄傲。塞伯斯蒂也非常惊讶，一时间心情忐忑，不知该如何表达，他将全部感激之情都投入到对绘画的学习和练习中去。

后来，塞伯斯蒂果然成功了，他取得了与穆律罗同样的艺术成就。在意大利的藏馆中，塞伯斯蒂的作品与穆律罗的名画摆在同等重要的位置，同样价值连城。

一个受后人尊敬的人，不仅仅是他的传世作品，更重要的是他的人格，穆律罗正是如此。他的品格和他的画作一样，给后世产生了深远的影响。

担当男孩智囊

爱因斯坦说：“宽容意味着尊重别人的任何信念。”每个人都有着各种各样的想法，也正是因为人与人之间存在着差异，世界才变得多姿多彩。我们应该包容别人与自己的不同，发现差异带来的精彩。

担当男孩成长箴言

◎ 宽容是一份珍贵的礼物

人们常说：“宽容别人，就是成就自己。”意思是要想得到别人的尊敬，就必须尊敬别人。正因为如此，宽容才被看作是一份弥足珍贵的礼物。

学会宽容，你的人生将会提升一个档次，你的人生也会变得美丽无比。作为一个男子汉，更应该懂得宽容的价值，你不会因为强大而欺凌弱小，反而愿意原谅别人的过错，人们会因此感激你，更会爱戴你。

06 微服私访

亚历山大大帝，出生于马其顿王国首都派拉城，曾师从古希腊著名学者亚里士多德，18 岁随父出征，20 岁继承王位，是世界古代史上最著名的军事家和政治家。

曾经，亚历山大大帝来到俄国西部旅行，在一家小客栈安顿下来。为更好地体验民生，体察民情，他决定改为徒步，并且装扮成普通民众外出转悠，结果在一个三岔路口迷了路，一时间，他找不到回客栈的路。这时，亚历山大看到一位军人，便上前询问：“朋友，你能告诉我客栈怎么走吗？”

那军人叼着大烟斗，看见穿着朴素的压力山大，傲慢地说道：“朝右走！”态度极其无礼。

"谢谢！"大帝没有生气，又问道，"请问离客栈还有多远？"

"一英里。"那军人显得有些不耐烦。

大帝转身离去，但没走几步又回来问："请原谅，我可以再问你一个问题吗？请问你的军衔是什么？"军人猛吸了一口烟，用懒洋洋的语调说："猜嘛！"

大帝笑着说："中尉？"军人抿了一下嘴，意思是他的军衔比中尉还要高些。

"上尉？"

"还要高些。"

"那么，是少校？"

"是的！"一副扬扬得意的表情写在他的脸上。

听到这里，大帝敬佩地向他敬了个礼。

这时，少校一脸傲慢地问道："假如你不介意，请问你是什么官？"

大帝乐呵呵地回答："你猜！"

"中尉？"

大帝摇头说："不是。"

"上尉？"

"也不是！"

少校走近仔细看了看说："难道你也是少校？"

大帝静静地说："继续猜！"

少校愣了一下，立刻取下烟斗，那副高贵的表情瞬间消失得无影无踪。他用十分尊敬的语气低声说："那么，您是部长或将军？"

"快猜着了。"大帝说。

知识小讲堂

少校是一些国家军队校级军官中的军衔称号。世界各国的军衔体系中均设有少校，为校官中最低的一个级别，一般为副营长的编制军衔，有的国家也规定为营长或特种兵连长的编制军衔。

“殿……殿下是陆军元帅吗？”这时，少校已经变得结结巴巴，连话都说不完整了。

大帝说：“我的少校，再猜一次吧！”

“皇帝陛下！”少校的眼珠子都快掉出来了，他没想到在这种地方竟然能够遇到亚历山大大帝，他猛地跪在大帝面前喊道，“陛下，饶恕我吧！陛下，请饶恕我的无礼！”

大帝并没有生气，也没有责备他，还微笑着说：“饶恕你什么？朋友。你没伤害我，我向你问路，你告诉了我，我还应该谢谢你呢！”

担当男孩智囊

古人云：“壁立千仞，无欲则刚。海纳百川，有容乃大。”我们在生活中总要与人相处，和外界发生各种各样的联系，因此建立和谐关系是很重要的。而良好的人际关系，需要具备一颗宽容大度的心，这就要求每一个有担当的男孩，每一个渴望在未来有所作为的男孩，从小养成宽容的习惯。记住，一个懂得对他人宽容的人，也一定会得到他人的宽容。

担当男孩成长箴言

◎ 宽厚待人，利人利己

法国著名的文学家雨果曾说过：“世界上最宽阔的东西是海洋，比海洋更宽阔的是天空，比天空更宽阔的是人的胸怀。”说的就是“宽容”二字。宽容是一种美德，是人自身的一种修养，中国人说：“严于律己，宽以待人。”这是宽容的真谛。宽容，有利于己，有利于人，更有利于社会的和谐。

凡是在社会上有所成就的人，往往都懂得宽厚待人。在亚历山大大帝的故事中，我们看到了他作为帝王的气度和修养。换作旁人，面对这样无理的一个人，恐怕早就恶语相向，甚至大打出手了。

这个故事给我们一个启示，宽厚待人并不是怯懦，而是气度的体现，懂得宽容的人，才真正具有男子汉的胸襟。

07 特殊的嘉宾

纳尔逊·罗利赫拉赫拉·曼德拉，1994 年至 1999 年间任南非总统，是首位黑人总统，被尊称为“南非国父”。在任职总统前，曼德拉是积极的反种族隔离人士，同时也是非洲国民大会的武装组织民族之矛的领袖，他在牢中度过了 27 个年头。2004 年，曼德拉被选为最伟大的南非人。2013 年 12 月 5 日，曼德拉因病去世，享年 95 岁。

曼德拉因为反对种族隔离政策而被关了 27 年，那段日子，曼德拉受尽煎熬，他被关在一个偏僻的小岛上，白天辛苦工作，将采石场的大石块碎成石料，对于年事已高的曼德拉来说，这种工作量根本吃不消。这还不算什么，关键是负责看守他的三名守卫，他们并不友好，总是以各种理由虐待他，这让曼德拉的牢狱生活更加艰难。

知识小讲堂

种族隔离，指在日常生活中，按照不同种族将人群划分为三六九等，使得各种族不能同时使用公共空间或者服务。种族隔离可能是法律规定的，也可能是无法律规定但事实存在的。不论种族隔离是平等隔离，还是不平等隔离，实质上，均是一种种族歧视行为。在种族隔离制度下，人民所能拥有的权利是依照其种族背景来划分的。

然而，1991 年曼德拉出狱当选总统后，他在就职典礼上做出了一个震惊世界的举动。曼德拉先是起身致辞，欢迎各国来宾，在依次介绍完来自世界各国的政要之后，他表示要介绍三位特殊的客人，那就是当年在罗本岛监狱看守他的三名狱警。曼德拉此话一出，现场鸦雀无声，紧接着人们开始窃窃私语。

曼德拉这一崇高的举动，令那些残酷虐待了他 27 年的白人汗颜，也让所有到场的人肃然起敬。曼德拉缓缓起身，恭敬地向三个看守致敬，此时此刻，世界都安静下来，随即爆发出热烈的掌声，人们向这位伟大的黑人领袖送上由衷的赞美。这一刻，曼德拉的宽容征服了整个世界。

曼德拉后来解释说，年轻时脾气暴躁，幸亏在狱中学会了控制情绪，才让他活到了今天。牢狱岁月让他备受折磨，同时也让他学会面对痛苦，为此，他总是心存感激。他说："当我迈过通往自己的监狱大门时，我已经清楚，自己若不能将悲痛与怨恨留在身后，那么我其实仍在狱中。"

担当男孩智囊

我们都懂得"玉有微瑕，人无完人，就是圣贤也有一时之失"的道理。当我们和别人发生矛盾时，多看别人的优点，懂得包容他人的缺点，生活中就会少了很多摩擦，多了一份和谐。我们不以自己的标准来要求他人，即便对待别人的错误，只要他还能改过自新，我们就要学会原谅。

担当男孩成长箴言

宽容是一种放得下的大度

宽容实际上体现的是一种拿得起、放得下的大度精神，反映出与人为善的本质。每个男孩都应学会宽容，因为宽容不仅在于原谅别人，更能让自己的内心得到平静。同时，一个善于原谅他人，不计前嫌的人，同样也会得到别人的帮助。

从某种意义上来说，宽容是一种生存的智慧，生活的艺术，是看透了社会人生以后所获得的那份从容、自信和超然。在曼德拉身上，我们看到了宽容的可贵。这种可贵不只在于对同类的认同，更在于对异类的尊重和原谅。有了这种可贵的精神，生命也随之打开了新的大门。

08 面对羞辱真诚应对

亚伯拉罕·林肯，美国政治家、思想家，黑人奴隶制的废除者。第16任美国总统，是第一个遭遇刺杀的美国总统，曾位列最伟大总统排名第一位。他是美国最有作为的总统之一，其他两位分别是乔治·华盛顿、富兰克林·罗斯福。最新版5美元纸币正面是亚伯拉罕·林肯。

林肯在竞选总统前夕来到参议院进行演说，没想到遭到一个参议员的恶意羞辱：“林肯先生，在你开始演讲之前，我希望你能记住自己的身份，你是一个鞋匠的儿子。”这个无礼的举动顿时让现场陷入了沉默。

当所有人都认为林肯将会大发雷霆的时候，他却平静地说道：“我非常感谢你使我记起了我的父亲，他已经过世了，我一定记住你的忠告，这让我意识到我做总统永远无法像我父亲做鞋匠那样出色。”

现场有人开始小声议论，这时，林肯继续说：“据我所知，我的父亲以前也为你的家人做过鞋子，如果你的鞋子不合脚，我可以帮你改正它。虽然我不是出色的鞋匠，但我从小就跟父亲学会了做鞋子的技术。”之后，林肯转身对所有参议员说：“对参议院的任何人都一样，如果你们穿的那双鞋是我父亲做的，而它们需要修理或改善，我一定会帮忙。但有一点可以肯定，他的手艺是无人能比的。”

林肯讲完之后，全场响起了热烈的掌声，大家都由衷地敬佩林肯的胸怀与智慧，面对竞争对手的恶意羞辱，林肯非但没有粗暴地回击，反而以真诚的态度面对，这也让那位议员哑口无言，顿感惭愧。

很多人曾批评林肯对待政敌的态度过于温和，他们说："你为什么试图与政敌成为朋友呢？你应该想办法打击他们，消灭他们才对。"但林肯却不这样认为，"我们难道不是在消灭政敌吗？当敌人变为朋友，那所谓的政敌也就不存在了。"

也许，这就是林肯能够两度当选美国总统，并受民众广泛爱戴的原因。今天，在以他名字命名的纪念馆的墙壁上写着这样一段话："对任何人不怀恶意；对一切人宽大仁爱；坚持正义，因为上帝使我们懂得正义；让我们继续努力去完成我们正在从事的事业；包扎我们国家的伤口。"

直到今天，林肯的宽容精神仍旧被全世界人民所深深敬佩。

知识小讲堂

美元是美利坚合众国的官方货币，于1792年美国铸币法案通过后出现，目前在市面上流通的美元纸币是自1929年以来发行的各版钞票。美元是外汇交换中的基础货币，也是国际支付和外汇交易中的主要货币，在国际外汇市场中占有非常重要的地位。

担当男孩智囊

为人处世应以宽容相待，谁都不能作为独立的个体存活于世，我们不可避免地要与他人接触，而在这个过程中，难免产生分歧，出现矛盾，如果你能多一些宽容，自然会使彼此少一些隔膜，当彼此能够相互理解，相互包容时，那么生活中就不会再有敌人，无论走到哪里，等待你的都是朋友真诚的微笑。

原谅他人，便是解脱自我

宽容是协调人际关系的润滑剂，一个懂得原谅他人的男孩，一定能养成宽广的胸襟，这样的人往往具备领导才能。这是一个相互帮助才能成功的社会，我们需要的是朋友而不是敌人。有些时候，只要加深理解，很多矛盾都不是问题。相互理解可以带来温暖，让人们更好地相处。

对于别人的过错，我们要懂得原谅，从他人的角度考虑，不锱铢必较，不耿耿于怀，这样才能培养大度的胸襟。

在林肯的故事中，他对待政敌的态度总是十分温和，对待反对自己的人也极尽所能地包容，但这并不是懦弱的表现，而是修养的体现。他深知，多一份包容就多一个朋友，原谅永远比报复更有力。

09 无处可放的帽子

史蒂芬·阿诺德·道格拉斯，美国政治家、演说家和辩论家，美国民主党人。曾担任过美国国会众议员（1843～1847）和参议员（1847～1861）。道格拉斯在他 30 岁的时候就成为众议院的领袖，他是美国历史上公认的杰出政治家和辩论家。

1861 年 3 月 4 日，林肯在白宫发表总统就职演说。当他走上演讲台，人们开始沸腾起来，台下响起了热烈的掌声，这一刻，无疑是林肯人生中最辉煌、最值得骄傲的一刻。

演讲开始了，然而林肯却发现演讲台上没有摆放桌子，他的帽子没有地方放，要知道，脱帽是最基本的礼仪，更何况是在全体美国人民面前。

一时间，林肯不知道该把手杖和帽子放在哪里，他环顾了一番，看到一处栅栏，便将手杖挂在上面，可是栅栏太高了，林肯够不着，没法将帽子挂上去，顿时让林肯感到十分尴尬。

这时，联邦议员道格拉斯走了过来，他看出了林肯的尴尬，所以很自然地接过林肯手中的帽子，恭敬地捧在手里，直到仪式结束，道格拉斯充当了衣架，让林肯避免了尴尬。

这是再平常不过的一幕，然而很少有人知道，道格拉斯曾一度视林肯为仇敌，两个人的恩怨很深。道格拉斯出身名门，是美国政坛的一颗明星，而林肯则出身贫寒，是个十足的穷小子。两人曾经是情敌，他们同时爱上了玛丽女士，并为此展开激烈争夺，最终玛丽成了林肯的夫人，这件事让道格拉斯耿耿于怀很多年。不仅在情场，在政治上两个人的分歧也很大，特别是在对待美国黑奴问题上，更是针锋相对，互不相让。

道格拉斯代表民主党，而林肯则代表共和党，竞选时两人就曾展开多场激烈的辩论。一年前，两人又分别作为两党的总统候选人展开角逐。双方实力不分伯仲，在竞选议员时，道格拉斯胜出，但是最终竞选总统时却输给了林肯。然而，道格拉斯可谓虽败犹荣，因为他的失败是由于民主党的分裂，而林肯只以微弱的优势胜出。

源于这样的大背景，双方的关系非常紧张。在林肯的总统就职演

知识小讲堂

众议院，西方两院制国家议会的下议院，有些国家称为第二院，众议院的议员人数是按各地人口多少的比例分配的。两院制国会的起源是因为国家的创建者希望拥有一个贴近且跟随民意公论的“人民议院”；众议院一般被认为较参议院更具党派色彩。众议院也有其独有的权力：倡议岁入法案之权、弹劾政府官员以及在选举人团僵持不下时选举总统。

说现场，道格拉斯其实有机会出一口恶气，稍微使一些小伎俩就会让林肯下不来台，然而虽然彼此不和，但是道格拉斯却表现出宽宏大量的胸襟以及高度的涵养，在同事最需要的时候，及时伸出援手，这也为他赢得了不少赞誉。

担当男孩智囊

道格拉斯的帮助体现出的不仅是一种宽容的胸怀，更是一种尊重。生活中，尊重就像空气，无时无刻都需要它。彼此尊重是人际交往的前提，尊重是不分年龄和国界的，也不应因为身份地位的差别而有所改变。

担当男孩成长箴言

相互尊重是一种需求

每个人都必须学会尊重他人，这是做人最基本的修养和品格，是一种对别人不卑不亢、不仰不俯的平等相待，一种对他人人格与价值的充分肯定。尊重是相互的，正如道格拉斯因为对林肯的帮助，既让自己保持了高尚的品格，也赢得了人们对他的尊重。

任何人都不可能做到尽善尽美，所以我们没有理由以苛刻的目光去审视别人，更没有资格用不屑一顾的神情去嘲笑他人。假如，别人在某些方面不如自己，我们更不该去伤害别人的自尊。

一个真正懂得尊重别人的人，必然会以平等的心态、平常的心情、平静的心境，去面对所有事业上的强者与弱者、所有生活中的幸运者与不幸者。道格拉斯与林肯在政坛上互不相让，在生活中也是竞争对手，但他们的竞争光明正大，而这种竞争并没有让他们降低自己的品格。

相互尊重是一种需求，当你给予他人尊重时，别人也会对你抱以欣赏的态度，你若轻视他人，别人定还以鄙薄。因此，任何一个有担当的男孩都应该时刻牢记，尊重他人就是尊重自己，尊重是为人处世必不可少的美德。

对于道格拉斯来说，尽管他与林肯在很多方面有着激烈的竞争，但他却深刻懂得尊重他人的要义。

10 吃了一半的牛排

松下幸之助，日本著名跨国公司“松下电器”的创始人，被称为“经营之神”，“事业部”“终身雇佣制”“年功序列”等日本企业的管理制度都由他首创。

松下幸之助不仅精通生意之道，更懂得为人处世，他所彰显出的道德与修养同样令人敬佩。有一次，他在一家餐厅招待客人，一行六个人都点了这家餐厅最受欢迎的牛排。等六个人都吃完主餐，松下让助理去请烹调牛排的主厨过来，他还特别强调：“不要找经理，找主厨。”这时，助理注意到一个细节，松下的牛排只吃了一半，意识到很可能是牛排做得不好吃，顿时感到很紧张，心里已经开始盘算着如何应付一会儿的尴尬场面了。

知识小讲堂

终身雇佣制，是日本企业战后的基本用人制度。是指从各类学校毕业的求职者，一经企业正式录用直到退休始终在同一企业供职，除非出于劳动者自身的责任，企业主避免解雇员工的雇佣习惯。

主厨听说后赶紧过来，表情十分紧张，因为他很清楚这桌客人的来头，他小心翼翼地说：“是不是牛排有什么问题？”

“牛排没有任何问题，很好吃，但我只能吃一半，不是你的厨艺有问题，牛排真的很好吃，你是位非常出色的厨师，只是我老了，吃不动了。”听了松下这番话，主厨与其他客人都感到困惑，这种事为什么还要将厨子特意叫过来呢？

松下幸之助接着说：“我想当面和你讲，就是因为我担心，当你看到只吃了一半的牛排被送回厨房时，心里会难过。”主厨这才松了一口气，并对这位老人十分敬佩。

担当男孩智囊

美国哲学家约翰·杜威说：“人类本质里最深远的驱策力就是希望具有重要性。”每一个人来到世界上都有被尊重、被关怀、被肯定的渴望，因此在人际交往中，要尽力满足人们的这类需求，这样才更容易与对方成为朋友。

担当男孩成长箴言

◎ 尊重，是为他人着想

尊重是一种为他人着想的精神。作为一个有担当的男孩，一定要清楚，不仅要对成功者保持尊重，对于生活中的失败者同样要给予尊重，反而是更多的关心与尊重。作为一名优秀的学生，绝不能养成势利的恶习，对富人尊重而看不起穷人，这是缺乏修养的表现。

每个人的内心都渴望得到他人的尊重，这是一种基本需求，所以尊重不分对象，是一种高尚的美德，是个人内在修养的外在表现，这种好习惯需要从小培养。

在松下幸之助的故事中，我们看到了他在为人处世中的修养与智慧。这一切都来源于他对他人处境的周全考虑。吃牛排的事情虽小，但松下却在这个细微之处考虑到了别人的感受，这一点是非常难能可贵的。正是松下幸之助一生都坚持这样的高尚品德，才赢得了人们的尊敬和爱戴，正如谚语所说：“送花的人周围都是鲜花，种刺的人身边都是荆棘。”他的品德和言行不仅值得我们学习，也值得所有人向他致敬！

第五章

助人为乐的男孩，更受欢迎

助人为乐是一种美德，当你习惯了帮助他人，就会发现生活的另一番美好。不做自私自利的人，做一个乐于助人的快乐男孩吧。

01 你肯为别人打伞，别人才愿意为你打伞

胡光墉，字雪岩，安徽绩溪人，富可敌国的晚清著名徽商，政治家。胡雪岩是中国近代著名的红顶商人，他的品德和经商之道，一直被后人学习并膜拜。

一次，胡雪岩正在与人谈生意。这时，下人禀告说有一位商人有要事求见。胡雪岩请进这位商人，见他神情焦急，话音微颤。详聊之后得知，对方的生意出了问题，急需一大笔资金周转。他这次来找胡雪岩，就是希望以极低的价格抵押资产变现。在生意场上，这是十分窘迫而又无奈的办法。

胡雪岩表示需要一天时间准备，让商人隔天再来。商人走后，胡雪岩先找人调查这件事的真假，当手下证实了这位商人的处境之后，胡雪岩吩咐下人赶忙从钱庄准备银子。对方需要的现银太多，胡雪岩又赶忙从分号急调大量的现银。

第二天，商人火急火燎地赶来，胡雪岩将银子一分不差地交给对方，并告知不会压低价格，而是以市场价购买对方的产业，这让那个商人惊愕不已。在他看来，商人永远是以获利为目的的，自己现在的境遇，正是让别人大捞一笔的时机，他不明白胡雪岩为什么连到手的便宜都不占，坚持按市场价来购买那些房产和店铺。

胡雪岩表情平静，对商人的疑问并没有感到吃惊，他告诉商人，自己只是帮他暂为保管这些资产，等渡过难关，可以随时来赎回这些资产，只需在原价上再多付一些微薄的利息就可以。胡雪岩此举令商人感激不已，甚至留下了热泪。

商人一走，胡雪岩的手下沸腾了，大家议论起来，不明白主人到底是

怎么想的。有人问胡雪岩，可他并没有直接回答，而是讲了一段自己年轻时的经历：“当我还是一个小伙计时，经常出去催账。一次要账途中遇上大雨，看到同路的一个陌生人被雨淋湿，我便给他打伞。后来，每当下雨的时候，我就常常帮一些陌生人打伞。时间一长，那条路上的很多人都认识我。有时候我也会忘记带伞，但我从不担心，因为会有很多我帮过的人为我打伞。”

知识小讲堂

“红顶商人”即“官商”，“红顶商人”通俗地讲就是政府里的官员，同时再以商人的身份出现，兼具公务员和商人两种身份。这种说法来源于清代官帽的特有款式，典型代表人物是清末著名徽商胡雪岩。

说着，胡雪岩对手下的人说：“你肯为别人打伞，别人才愿意为你打伞。那个商人的产业可能是几辈人积攒下来的，我要是低价买下来，确实占了便宜，但人家可能就一辈子翻不了身。这不是单纯的投资，而是救了一家人，既交了朋友，又对得起良心。谁都有雨天不带伞的时候，能帮人遮点雨就遮点吧。”众人听后沉默了许久。

后来，商人成功翻身并赎回了自己的产业，他也成为胡雪岩最忠实的合作伙伴。之后，越来越多的人知道了胡雪岩的义举，对他佩服不已，纷纷表示愿意与其合作。

以前，大家看到胡雪岩的生意好，总是猜测他有什么经营诀窍，但听了这番话，大家都明白了，他的品格才是立足之本。正因为他拥有“为他人打伞”的仁义之心，胡雪岩无论经营哪个行业，总有人帮忙，客户也愿意为他捧场。

金银珠宝、古玩字画都不是真正的宝藏；人格的魅力，才是人一生最大的宝藏。胡雪岩虽然拥有巨大的财富，但他始终都不忘记帮助那些需要帮助的人，他用自己的一言一行为后人树立了典范。

担当男孩智囊

俗话说：“一个篱笆三个桩，一个好汉三个帮。”我们要知道，每个人在生活中都难免遇到困难，正是因为我们身边有很多热心人，这个世界才充满了温暖。帮助他人是一种美德，这种美德的可贵之处在于，无论我们是帮助他人还是接受帮助，都能从中感受到幸福，而这种幸福能使世界变得更加美好。

担当男孩成长箴言

助人的智慧与品格

作为个体，人的能力是非常有限的，当我们遇到各种各样的困难时，总会感觉到自己力量的渺小。但是依靠群体的力量，人类文明创造了很多奇迹。帮助别人是一种智慧，也是一种宝贵的品格。在日常生活中，互相帮助能让我们感受到温暖和快乐，而在危机和困难面前，群体的互助支撑我们闯过难关。

有一则盲人提灯笼的故事，给了人们一些启示。故事讲述了一个盲人走夜路时，手里总提着一个明亮的灯笼，别人看了很好奇，就问他：“你自己看不见，为什么还要提灯笼走路？”盲人面带微笑地说：“这个道理很简单，我提灯笼并不是为自己照路，而是让别人看到我，不会误撞到我，这样虽说是帮助了别人，其实呢，也是帮助了自己呀。”这即是大家常说的“与人方便、与己方便”。

“授人玫瑰，手有余香”，当我们以仁义、温暖的态度为人处世时，世界也将对我们报以温暖和幸福。胡雪岩的义举也同样验证了这个道理。在胡雪岩的故事中，让我们看到了一个伟大商人身上所拥有的智慧，也看到了他仁义待人的品格。

02 拾荒老人的慈善情结

在我们的生活中，总有一些平凡而又伟大的人。他们既没有富裕的家境，也没有显赫的地位，但他们的言行却感动了千千万万的人。在吉林长春就有这样一位老人，他已经80多岁高龄，却靠捡废品变卖的收入资助贫困学生，直到病倒了还记挂着那些需要帮助的儿童。他走在街上时是那样平凡，但他的品格却让每个了解他故事的人肃然起敬。

葛长江老人是长春市的一名离休干部。1947年参加革命，在战斗中耳朵被震聋，左手手筋被打断，被定为三级甲等残疾军人。老人从81岁起开始捡废品，资助贫困学生。几年来，他共捡拾废品3万多斤，饮料瓶6.8万个，资助10余名贫困学生，捐资5万多元。几年来，他最记挂的就是自己资助的十余名贫困学生，这些学生与他非亲非故，但他的心里始终把他们当作自己的孩子。

在286路公交车的终点站附近，市民几乎每天都能看见这位年逾八旬的老人拎着塑料袋在垃圾箱里找空水瓶、废纸壳。不熟悉他的人只当他是一位普通的拾荒老人，然而，当人们得知他是一位靠拾荒资助贫困学生的老干部、老党员、老残疾军人时，无一不投去赞赏、敬佩的目光。

不论刮风下雨还是酷暑严寒，葛长江老人瘦弱的身影总是穿梭在车站、小区里，一个废弃的纸壳，一个空瓶子，在他的眼中都是一个希望，他并非吝啬，而是一个爱心的积攒。当他的故事被越来越多的人知晓时，他却始终怀着一颗朴素的仁爱之心，他认为这是自己应该做的，并没有什么了不起，只要有能力，就应该帮助这些孩子们。

老人日复一日的善行换来了孩子们上学的希望，却没有换来自己的健

知识小讲堂

拾荒，俗称捡破烂，指从他人所弃置的物品当中，拾取仍可使用的物品自用或转售的行为。从事这种行为的人通常被叫作捡破烂的，大多数是贫穷的弱势群体。

康。2007年，葛爷爷因为患肺癌住进了医院，医生的诊断让他知道，自己再也没有可能上街捡废品去帮助孩子们了。听说这一消息后，老人资助过的孩子和社会上关心葛爷爷的人纷纷来到医院探望他，病房里的水果和鲜花已经堆得快放不下了。每一束鲜花上都写着“早日康复”的字样，这不仅代表了送花人的愿望，更是每一个知道老人故事的人的愿望。

看着自己资助的孩子们一天天长大、成材，躺在病床上的葛爷爷在欣慰之余还有些放心不下，他交代自己的女儿，当自己捡不动废品的时候，也要记得从退休金中拿钱帮助孩子们。

这些曾接受过老人帮助的孩子，都在用自己的学习成绩回报他们敬爱的葛爷爷。人们相信，我们身边会有越来越多葛长江老人这样的好心人出现，他们虽然看似平凡，却让世界充满了光明。

担当男孩智囊

无论是否拥有财富，无论身份地位如何，我们每个人都具帮助他人的力量。有时，尽管力量渺小，但对于接受者来说，也是一份珍贵的温暖。当我们以自己的绵薄之力给予他人帮助时，我们的生活也将变得幸福。泰戈尔说：“爱就是充实了的生命，正如盛满了酒的酒杯。”拥有爱心，懂得帮助别人，这是每一个人都应该学习和修炼的。

担当男孩成长箴言

生命的意义

有人说：“一个人有再大的权力、再多的财富、再高的智慧，如果没有学会去关怀别人、去爱别人，那他的生命还有多少意义呢？”葛长江老人的故事就为我们诠释了生命的意义。

在帮助别人时，不仅接受帮助的人能感受到温暖，给予别人帮助的人也会从中感受到快乐。我们相信，当葛长江老人听着自己资助的孩子们朗朗的读书声，内心也一定是幸福的、满足的。正如莎士比亚所说：“慈悲不是出于勉强，它是像甘露一样从天上降下尘世；它不但给幸福于受施的人，也同样给幸福于施与的人。”

爱心能让我们收获幸福，也能让世界变得更美好。葛长江老人的力量也许微薄，但他的善举却感染了无数人。在他的感召下，会有越来越多的人加入到这个行列中。葛爷爷的爱心让这些贫困的孩子们找到了希望，对他们来说，就是这颗平凡而又伟大的爱心为他们创造了奇迹。

03 值得敬佩的“傻子”精神

雷锋曾说：“自己活着，就是为了使别人活得更美好。”的确，他用短暂而意义非凡的一生践行了这句誓言。历经几十载岁月洗礼，雷锋精神至今仍润泽着人们的心灵。

每逢节假日，雷锋就会来到行人如织的火车站帮忙。在这里，几乎没有人不认识他，人们都夸奖他说：“雷锋喜欢助人为乐，是共产党、毛主席教育出来的好兵。”

有一次，雷锋发现一位中年妇女十分焦急，了解后知道她丢了车票，雷锋一边安慰，一边领着她向售票处走去，雷锋很清楚找到车票的机会非常渺茫，所以用自己的津贴给她买了一张去吉林的车票。大嫂有些惊讶地接过车票，热泪夺眶而出。

对于雷锋来说，这虽然是一件微不足道的小事，但对于那位大嫂来说，却解决了她的燃眉之急。在雷锋的生活里，像这样的小事还有很多。

雷锋总是利用一切机会帮助别人，并且从来不求回报。有些人曾对他说：“你这样不求回报，这不是‘傻子’吗？”但雷锋对这些人的不解从不在意。他在 1960 年 8 月 20 日的日记中写道：“我要做一个有利于人民，有利于国家的人，如果说这是‘傻子’，那我是甘心愿意做这样的‘傻子’的。”

在今天的社会，虽然雷锋已经离去多年，但他的精神仍然影响着我们。这是一种“傻子”精神，讲的是多奉献，少索取。时代在变，像雷锋这样的“傻子”已经不多了，但是这种精神依然值得所有人学习和传承！

知识小讲堂

雷锋同志，1940 年 12 月 18 日出生。他是全心全意为人民服务的同志、中国人民解放军战士、伟大的共产主义战士。雷锋在其短暂的一生中帮助了无数人，“雷锋精神”也激励着一代又一代人。1962 年 8 月 15 日，伟大的共产主义战士雷锋同志因公殉职，年仅 22 岁。雷锋因为乐于助人，所以“雷锋”二字已经成为“好人好事”的代名词。毛泽东于 1963 年 3 月 5 日亲笔题词“向雷锋同志学习”，后 3 月 5 日被定为“学雷锋纪念日。”

担当男孩智囊

我们应当敬佩一心帮助别人却不求回报的人。我们要知道，人生的意义并不局限于物质财富积累的多少。在我们身边有许多乐于奉献的人，他们做着平凡的工作，生活波澜不惊，但他们的奉献精神却潜移默化地影响着人们。也许，他们在物质所得上难免吃亏，但却拥有了高尚的思想境界，并创造了富有价值的人生。

担当男孩成长箴言

奉献于生命，才能获得生命

奉献，是一种不计个人得失，实现他人或集体利益的精神。有人说，在这个物欲横流的社会，懂得奉献的人常常吃亏。但我们要知道，有时吃亏也是一种幸福，给予也是一种快乐。人们正是从奉献中体现自己的价值。正如爱因斯坦所说：“一个人的价值不应该看他取得了什么，而是应该看他奉献了什么。”

奉献是一种每个人都应当具有的美德。有时，我们常常会感叹自己力量的微薄，但我们也要知道，即使力量微薄，积少成多，也能让世界变得更加美好。正如一位大师所说：“爱之花开放的地方，生命便能欣欣向荣。”

关爱是一种力量，不仅温暖了别人，也升华了自己。事实上，我们因为奉献而获得的回报无处不在，这种回报并非财富或荣誉，而是一种心灵的慰藉。也许是一个微笑，也许是一声感谢，当别人因为你的付出而感到愉快的时候，你也会由衷地感动和愉快。

雷锋的一生虽然短暂，但却因为无私的奉献精神而被人们永远铭记。他从不计较物质的得失，一生节俭，但他为我们留下的精神财富却是用金钱无法衡量的。

04 84岁的光明使者

余彭年，又名彭立珊，香港知名商人，著名慈善家。对于余彭年来说，他最得意的身份并不是商界精英，而是为成千上万人带来光明的“光明使者”。余彭年先生虽然已经90多岁高龄，但他仍然为慈善事业尽心尽力，他的义举已经使5万多名白内障患者重获光明。

对于这场有着很大影响的“光明行动”，余彭年先生说：因为我本人也得过白内障，而且比较严重，我亲身体会到失去光明的痛苦、恢复光明的幸福，对于有钱的人当然无所谓，而对于没有钱的人一个手术要几千块钱，在香港、深圳要一万、两万，贫困地区的老百姓是拿不出钱的，所以我就决定做这个好事。

简单而质朴的初衷，却代表了这位老人博大的爱心。到目前为止，余彭年光明行动已经覆盖了我国的12个省，“光明快车”仍然在快速行驶，因为这位老人的目标是，在5年的时间里，花5亿元，在我国免费治疗15万～20万例白内障患者。

知识小讲堂

白内障，由多种原因引起的眼部疾病，如老化，遗传、局部营养障碍、免疫与代谢异常，外伤、中毒、辐射等，都能引起晶状体代谢紊乱，导致晶状体蛋白质变性而出现混浊，称为白内障，此时光线被混浊晶状体阻挠无法投射在视网膜上，导致视物模糊。多见于40岁以上，且随年龄增长而发病率增多。

在余彭年看来，自己所做的一切只是为了尽自己的一分力，他不求回报，也不求赞扬。他认为，病人可以看得见、摸得到，这本身就是一种满足感，我有时候在电视里面也看到，我感到高兴，觉得做好事有成果。

虽然已经是耄耋之年，但是余彭年老人显得比实际年龄要年轻很多。用他自己的话说，是因为做好事，才让自己找到了永葆青春的秘诀。在余彭年老人看来，为社会做贡献的同时，自己也从中收获了幸福和快乐。

担当男孩智囊

罗曼·罗兰曾说：“只要还有能力帮助别人，就没有权利袖手旁观。”在我们的生活中，无论是自己还是他人，都有可能遇到困难，都渴望得到帮助，我们对帮助自己的人心怀感恩，也正因为如此，当我们自己有能力帮助别人时，也应当伸出援助之手。正是这样的同理心，让我们学会理解他人和帮助他人。

担当男孩成长箴言

◎ 学会善用同理心

法国作家拉布吕耶尔说：“最好的满足就是给别人以满足。”爱因斯坦也曾说过：“对于我来说，生命的意义在于设身处地替人着想，忧他人之忧，乐他人之乐。”在我们的生活中，每个人都有同理心，这种心理也被称为换位思考，即站在对方立场设身处地思考的一种方式，这种心理让我们于人际交往过程中能够体会他人的情绪和想法、理解他人的立场和感受，并站在他人的角度思考和处理问题。

我们要学会善用同理心，当发现别人需要帮助时，设身处地地想一想，如果需要帮助的人是自己，希望别人怎么做。学会真正地理解别人是我们成长的必经之路。

余彭年不仅是一位成功的商人，也是一位年事已高的老人。他拥有巨额财富，在商界德高望重，完全可以度过安逸、清闲的晚年，但他却选择一如既往地在慈善事业上投入精力，这正是由于他能理解他人的困难，能设身处地地为那些需要帮助的人着想。他的慈善事业为成千上万人带来了光明，而他从慈善中也获得了快乐。

05 路见不平一声吼

乔治·戈登·拜伦，英国19世纪初期伟大的浪漫主义诗人。代表作品有《恰尔德·哈洛尔德游记》《唐璜》等。

19世纪，在英国的贵族学校哈罗公学经常出现恃强凌弱的现象，学生们对此司空见惯，没有人见义勇为，大家都尽量躲着。

看到有人被欺负，往往也因为不愿意招惹那些凶狠厉害的学生而绕道而行，很少有人会伸出援手。一天，一个强悍的男生欺负初来乍到的新生，结果新生不懂规矩，惹怒了这个大块头，被劈头盖脸一顿打。新生被打得龇牙咧嘴，却没有求饶的意思，这让大块头更加气恼，一拳比一拳狠。

知识小讲堂

哈罗公学位于英国伦敦，是英国历史悠久的著名公学之一。它由哈罗当地的一个叫约翰·里昂的农民于1572年创建，最初的目的是为当地的男童提供受教育的机会，但经过几百年的发展与演变，今天的哈罗公学已经成为英国最负盛名的私立学校之一，入读的多为本地区以外的富家子弟。哈罗公学也因此在1870年另外创办了约翰·里昂学校，专门招收当地学生。

旁观的学生都对这个校园恶霸感到畏惧，没人敢替那个挨打的新生出头，或是冷眼旁观，或是爱莫能助，或是起哄嬉笑，或是一走了之。正在此时，一个外表文弱的男生冲了出来，他对那个打人的学生大吼：“你到底还要打他几下才肯罢休！”

大块头恶狠狠地瞪了一眼这个弱不禁风、不知天高地厚的家伙，又骂了几句，想把他吓跑，没想到对方竟然毫无畏惧，而是回应道：“不管你还要打几下，让我替他忍受一半的拳头吧。”大块头顿时愣住了，羞愧地停了下来。

从那之后，两个新生成了莫逆之交。那位被殴打的少年，就是英国颇负盛名的大政治家罗伯特·比尔；而那位挺身而出的新生，就是名扬天下的大诗人拜伦。

一个人的力量尽管渺小，却能点燃他人心中爱与善的光芒。在漫漫人生旅途中，勇气可以帮助我们度过人生中最黑暗的时期，而我们在关键时刻挺身而出的善举，更能给别人带来希望与温暖。

担当男孩智囊

爱心和善举向来不分大小，也许我们只是做了一件举手之劳的小事，但在被帮助的人看来，也有着非常重要的意义。有这样一句谚语：“没有人富有得可以不要别人的帮助，也没有人穷得不能给他人帮助。”我们有时会感叹自己力量的渺小，渺小到不能做什么大事，自己的事都做不好，更别提帮助他人了。但我们要明白，即使再微薄的力量，也有其存在的意义。同时我们也要知道，制止我们生活中的恶行也是一种善良。正如《宋史·毕士安传》中所说：“锄一恶，长十善。”

◎ 小小善举，大大能量

雨果说：“善良的心就是太阳。”我们要知道，每个人都有能力做出小小的善举，尽管不是什么惊天动地的大事，却能像太阳一样发光发热，照亮和温暖身边需要帮助的人。正如拜伦面对欺负新生的男孩的一声怒吼，尽管声音微弱，却有着慑人的力量。他自己也是一名新生，年龄不比别人大、个子也不比别人高，但他的内心有一种反抗暴力的勇气，也有一颗乐于向别人伸出援手的善良之心。

能牺牲自己的利益而帮助他人的人都是值得敬佩的。同时，我们也应该明白，行善也需要量力而行，我们要学会分辨哪些是自己力所能及的事，而哪些超出了自己的能力范围。例如，不会游泳的人就不要跳下水去救人，而应该喊来会游泳的人进行搭救。但我们不能否认，每一个力所能及的小小善举，都有着意义非凡的大能量。

在当今的社会，似乎一谈到行善就意味着捐款。的确，捐款有时也是一种行善。但金钱上的帮助并不能代表一切。无论贫穷还是富有，乐于行善的真诚的心都是相同的。有人说，穷人的一个铜板和富人的万两黄金在一架天平上是平衡的。这句话说得很好，他们各自尽了努力。

拜伦的故事给了我们一个启示，即便是一个小小的善举，也能起到改变生活的大作用。

06 如此看瓜

宋江，古典名著《水浒传》中的重要人物，梁山好汉，稳坐头把交椅。原为郓城县押司，后因私放晁盖等人，被阎婆惜抓住把柄，以至于杀了阎婆惜后连夜逃走，辗转周折上了梁山。晁盖死后继任梁山大寨主，主张并接受朝廷的招安，接连出征辽国、田虎、王庆、方腊等，屡立战功，最后被蔡京等奸臣设计害死。

作为北宋农民起义领袖，宋江常常扶危济困，广受爱戴。少年时期的宋江就有着仁义宽厚的性格，深深同情劳动人民的疾苦。

一年夏天，烈日当头，宋江正在自家的西瓜地里看瓜。这时，来了两个逃荒要饭的，一个步履蹒跚的老人带着自己的小孙子，两个人有气无力，看上去又渴又饿。看到瓜田，小孩不肯走了，哭闹着要吃西瓜，无论老人怎么劝说和吓唬都无济于事。

宋江看两人可怜，正打算摘个西瓜给他们吃，可一向严厉的父亲来了，宋江怕被责备，于是伸到瓜蒂上的手又缩了回来。小孩哭得更凶了，声音嘶哑，宋江心里很难受。他开始想办法，既能让小孩吃上瓜，又不叫父亲生气。突然，他想到了一个好主意。

宋江来到两人面前，大声说："这小孩要吃瓜？你们身上有多少钱，我卖你一个。喔……有十文钱，够买一个，等着，我去摘……"老人没说话，其实他一分钱都没有，他不明白宋江唱的是哪一出。其实，宋江这些话全是说给父亲听的。

看着不知所措的老人，宋江没有多说，只是摘了个又大又熟的西瓜，送到老人手里。看到西瓜，小孩马上不哭了。老人感激地跪了下来，千谢万谢。宋江害怕在父亲面前露馅儿，赶紧把老人扶起来，推他走了。

尽管宋江努力掩饰，但父亲还是发现了他的表情有些异样，“你在演什么戏，啊？”父亲走过来，沉着脸问。宋江一下子慌了神，结结巴巴地说“我……我……卖……卖了个西瓜。”说完，指了指身上那串钱。父亲看了看那串钱，又瞧了瞧面色紧张的宋江，说：“这不是我赏你的钱吗？”宋江见自己的机关被父亲点破了，脸涨得通红，一声不吭，心想自己一定要被父亲责骂了。没想到父亲非但没有发火，还轻轻拍拍宋江的肩，笑着说：“傻孩子，这事你没错。把瓜送给这样的穷人，是应该的……” 听了父亲的话，宋江的心情也放松了。

知识小讲堂

农民起义，又称农民起事、农民战争，是一个具有广泛应用的术语，通常意味着农村或农业人口的暴动，反抗既成的秩序或建制。农民起义最初的原因大多数是农民为了生存、宗教、反抗异族压迫等。

担当男孩智囊

“勿以恶小而为之，勿以善小而不为。”这句话讲的是做人的道理，只要是“恶”，即使是小恶也不做；只要是善，即使是小善也要做。这句话值得我们每一个人铭记在心。

付出爱心并不是富人才拥有的专利，我们每一个平凡的人，都能因为力所能及的善举而让世界变得更加美好。行善也并非必须依靠金钱，很多举手之劳中的善举也能带给别人温暖。正如卢梭所说：“慈善的行为比金钱更能解除别人的痛苦。”

担当男孩成长箴言

◎ 举手之劳，温暖人心

善良是人性中最温暖的部分，多一颗善良的心，多做一些善举，世界就会变得更加温暖，充满人情味。善举并不一定是惊天动地的，有时，我们的举手之劳便能带给他人幸福和温暖。

一个有担当的男孩，应该从小养成行善的习惯，这是一种无私的付出和奉献。与人为善，与己为善，你对别人所做的善举，别人都会记得，早晚都会回报给你。所以，在别人有需要的时候，尽力帮一把，有时候可能只是举手之劳，却能给人最大的温暖。

宋江从小就仁义宽厚，这样的性格在日后成了他最宝贵的财富。我们应该明白，有时，赢得他人的尊重并不需要惊天动地的壮举，往往在细微之处更能体现一个人的本性。

07 44份爱心晚报

李晓华，现任香港华达投资集团董事局主席，他的创业经历颇具传奇色彩，他也是中国拥有法拉利第一人。他成功后，积极投身于慈善事业，被中国红十字基金会授予“名誉会长”称号。他被美国《福布斯》杂志连续五年评选为中国最富有的企业家，他因为为人处世有情有义而被人们称作“情义商人”。人们更多地关注李晓华的财富，实际上，他的传奇经历源于 44 份带着一个普通人爱心的晚报。

1990 年，李晓华来到马来西亚投资，他听说这里发现了一个大型油气田，政府正准备修建一条高速公路，如果立项，则意味着一次发大财的机会。经过仔细分析之后，他决定向银行贷款，拿到公路两边土地的开发权。

不过，事情的进展并不顺利。4 个多月过去了，油气田的立项依然没有结果。李晓华很着急，手里的资金也已经所剩无几，甚至不够负担他的住宿费用。无奈之下，他不得不一次次降低住宿标准，直到连旅馆也住不起了。为了省钱，他打算租用旅馆的一个小仓库，每天只吃最便宜的盒饭，还要溜进酒店大厅看每天最新的报纸，以便了解消息。这是李晓华生命中最艰难的一段日子。

仓库的管理员是一位老华侨，十分同情李晓华的处境，所以不仅没有收取他的租金，还坚持给他带报纸看。这样的日子维持了一个多月，李晓华的压力越来越大，甚至开始绝望。一个偶然的机会，他发现老华侨根本不识字，坚持为他买了 44 天的晚报，原来这一切都是为了自己。李晓华感动了，也将他从绝望的边缘拉了回来。转机出现了，油气田终于立项了！

仅仅一周之内，李晓华购买的土地价格翻了一番，他从一个亿万富豪变成了穷光蛋，又变回了超级富豪。这段备受煎熬的岁月，也成了李晓华日后最值得铭记的时光。

成功后李晓华第一个想到的人就是老华侨，正是那 44 份报纸将他从绝望的边缘拉了回来。他特意为老华侨买了一套豪宅，然而老人摇摇头说：“我只是给你买了 44 天的报纸，为什么值得你送这样的

知识小讲堂

《福布斯》杂志，由美国福布斯公司发行的商业杂志，以金融、工业、投资和营销等主题的原创文章著称。福布斯杂志总部设于纽约市，它在美国商业类杂志的主要竞争对手是《财富》和《彭博商业周刊》。该杂志因提供的列表和排名而为人所熟知，包括最富有美国人列表（福布斯 400）和世界顶级公司排名（福布斯全球 2000）。

大礼呢？”他说：“那 44 份晚报，是我一生中得到的最珍贵的帮助和关怀，就凭你的爱心，你有资格得到它。”老华侨依然拒绝了：“谢谢你的好意，我已经习惯了现在的生活，不想去住那种地方。真正值得你报答的，也不是我，而是帮助你的这个社会呀。”老人的话再一次温暖了李晓华的心。此后，他开始投身于慈善事业。

担当男孩智囊

善良是一种宝贵的美德，但善行并不是某些人的专利。每个有善心的人都能在平凡之处给予别人帮助，这世界也因为这点点滴滴的平凡感动而变得温暖。当你学会了，尝试去教人；当你获得了，尝试去给予。这就是最简单的善良之举，累积起来却能改变世界。

担当男孩成长箴言

◎ 得到关爱与关爱他人都是幸福

我们每个人都不是一个独立的个体，只有懂得互相帮助，才能克服困难。得到他人的关心是一种幸福，关心他人更是一种美德。在故事中，李晓华遇到这位老人是幸运的，也是幸福的，这位老人的善举值得我们学习。

我们要知道，每个人都有可能遇到困难，当我们看到别人遇到困难时，首先应当换位思考，设身处地地为别人着想。同时，我们也应该学会不计回报地帮助他人。我们要知道，在生活中，并不是每一次付出都有回报，我们也不应为了获得回报而付出爱心，但很多时候，我们在帮助别人的过程中，就已经收获了幸福和快乐。我们收获的也许是一个微笑，也许是一声谢谢，当别人因为你的付出而感到愉快的时候，你也会由衷地感动和愉快。这就是回报。

对于故事中那位老华侨来说，他感受到了李晓华的窘迫和艰辛，自然而然地想到了给予他力所能及的帮助，他所做的事虽然微小，但对李晓华来说却是莫大的帮助。

08 慈父

裴斯泰洛齐是19世纪瑞士著名的民主主义教育家，他热爱教育事业，并有着伟大的奉献精神，他因对教育事业所作出的贡献而被世人敬仰。尤其在贫苦儿童心中，他并不是什么教育家，而是一位慈父。

裴斯泰洛齐从38岁开始从事教育贫苦儿童的计划。1798年，瑞士爆发了资产阶级革命，建立了海尔维第（瑞士）共和国。在斯坦兹城，由于贵族和天主教教士的煽动，爆发了农民暴动，政府从法国借兵进行镇压，却受到顽强抵抗。法军大肆烧杀，祸及无辜，斯坦兹城遭到了空前的浩劫，留下了111个老人和169个孤儿，还有237个儿童无家可归。在战火纷飞的岁月，这些贫病交加的老人和儿童面临的往往是厄运。

新政府决定在斯坦兹成立孤儿院，裴斯泰洛齐谢绝了友人所荐的高官厚禄，毅然接受了政府的委托，负责孤儿院工作。裴斯泰洛齐到斯坦兹以后，把修道院改成孤儿院，按照政府规定的数目收容了80个孤儿。尽管对自己所做的工作已经有了些许了解，裴斯泰洛齐还是被眼前的景象吓了一跳。这些孤儿大部分患有严重的疥癣，无法行走，头上长满溃烂的脓疮，身上穿着生满虱子的破烂衣服。个个面黄肌瘦，牙齿暴露，深锁愁眉，并以猜疑的目光望着人。额头上的皱纹充分表现了他们饱经忧患与疑虑的生涯。除了身体上的疾病，由于长期生活艰难，很多孤儿的性格也非常孤僻，有的养成了虚伪等恶习，难以纠正；有的受悲惨环境的折磨，虽然表面意志坚定，实质上却猜疑、冷酷、胆怯……他们因为从未上过学，所以十个中也无法找到一个懂得ABC。面对孤儿的这般境况，一般人早就望而却步，裴斯泰洛齐却迎难而上，把这些难以相处的孤儿当作自己的孩子。

知识小讲堂

孤儿院，也称“育婴堂”。新中国成立前，国民政府、外国教会等举办的收养社会遗弃婴儿的慈善机构。新中国成立后，由人民政府接收并改建为儿童教养院和儿童福利院。

裴斯泰洛齐几乎承担了孤儿院的所有工作。他像慈父一样，以极大的耐心和高度的责任感，照顾着这里的孩子们。他说：“从早到晚我一直生活在他们中间……我的手牵着他们的手，我的眼睛注视着他们的眼睛，我随着他们流泪而流泪，随着他们微笑而微笑，他们不知有世界、有斯坦兹，只知道跟我形影不离。他们的饮食就是我的饮食。我没有家园、没有朋友、没有仆人，只有他们……晚上我最后一个就寝，睡在他们中间，陪他们祈祷、读书，直到他们睡着；早上我最早起床，替他们换洗脏衣服，并给他们洗涤身上的污垢。”

裴斯泰洛齐对于孤儿院的孩子们付出了很多，他非常耐心地培养孤儿们的道德习惯，并提高他们读、写、算的能力。然而，世事难料，当战乱再次降临时，孤儿院也难逃此劫，1799 年 6 月 8 日，孤儿院因为被法军征用为野战医院而被迫关闭。裴斯泰洛齐为此声泪俱下，他因伤心与劳累过度，以致吐血。

尽管孤儿院没有躲过战火，但裴斯泰洛齐的贡献深深地感染了世界。他拒绝了高官厚禄，把整个心灵都献给了孤儿，为贫民的教育事业呕心沥血，这种无私的情怀是值得我们每一个人敬佩和学习的。

担当男孩智囊

除了“爱”以外，世界上最美丽的动词是“帮助”。帮助别人是一种美德，也是一种心灵的升华。正如谚语中所说：“为别人点一盏灯，照亮别人，也照亮了自己。”幸福感并不是个人的追求，我们每个人都是社会、家庭的中一员，是一个机构的组成部分。当我们能为这个自己所归属的集体做些贡献时，才能真正感受到幸福。自己的价值也能得以体现。

担当男孩成长箴言

无私奉献是最崇高的美德

学会奉献，是我们成长中的重要主题。对别人的关心并不一定有回报，但这不能成为我们关心和帮助别人的阻碍。

在生活中，父母对子女的付出是无私的，他们不求回报，可是他们却没有停止对我们的付出。他们把爱变成了涓涓细流，滋润着我们的心田，让我们在这个世上生活得更幸福。对于我们来说，每个人都应该学会无私的爱，在无私的奉献中，我们能获得心灵上的慰藉，把那些在别人看来算不得回报的事，当成了最美好的收获。

在裴斯泰洛齐身上，我们看到了一个伟大教育家的美德与情怀。他不仅把教育当作职业，还当作改变他人命运的桥梁。无论是对教育事业做出的贡献，还是对孤儿无微不至的关怀，都是不求回报的。但他却从自己所做的一切中，获得了充实和满足。

09 善举改变家族命运

亚历山大·弗莱明，英国细菌学家，发现青霉素第一人，后与英国病理学家弗劳雷、德国生物化学家钱恩进一步研究改进，并成功应用于医疗，三人也因此共获诺贝尔医学奖。在美国学者麦克·哈特所著的《影响人类历史进程的100名人排行榜》上，弗莱明名列第45位。

老弗莱明没有任何值得炫耀的家庭背景，他的父亲只是一位苏格兰农夫。平日里的老弗莱明心地善良，乐于助人，只要是邻居之间有困难，他都会出手相助。一次，他在田里耕作时，忽然听到一阵哭泣声，随即有人大声呼救，他意识到一定是有人陷入泥沼之中，于是他放下手中的农具就跑了过去。果不其然，一个男孩掉进了粪池里，幸亏搭救及时，否则就会有生命危险。

两天以后，一位举止高雅的绅士特意赶来答谢老弗莱明，这是那个男孩的父亲，这位绅士表示要以优厚的财礼予以报答，但贫困的老弗莱明却怎么也不肯收。这时，老弗莱明的儿子回来了，绅士见他执意不肯收，便说道："既然你不肯收礼，就让我为你的儿子尽些微薄之力吧，我为他提供接受良好教育的机会。"老弗莱明同意了。

知识小讲堂

青霉素（Penicillin，或音译盘尼西林），抗菌素的一种，是指分子中含有青霉烷、能破坏细菌的细胞壁并在细菌细胞的繁殖期起杀菌作用的一类抗生素，是由青霉菌中提炼出的抗生素。青霉素是常用的抗菌药品之一。

绅士信守承诺，一直供老弗莱明的孩子读书，而他的儿子也很争气，顺利从圣玛利医学院毕业。后来，老弗莱明的孩子成为英国著名的细菌学家，并于1928年首次发明了举世闻名的青霉素，他就是亚历山大•弗莱明教授。

谁也没有料到，一个农夫与一位贵族之间竟然有着这样的联系。他在行善时一定没有想到，自己救起的这个素不相识的孩子对后世会产生如此重大的影响，而他自己的儿子也因此成为对世界做出重大贡献的人。

乐于助人，便一定会得到善报，无论你是否接受，这份属于上帝的回报，或早或晚，都会降临到你的头上。

担当男孩智囊

罗曼•罗兰说："行善的人应该觉得自己快乐才对。"我们帮助别人之后，不能总是对自己做的事念念不忘，也不应所求回报，因为我们的善举本身就对生活产生了积极的影响。当世界在我们手中变得美好，我们也会自然而然地感受到快乐和满足。这样，我们才能把帮助别人的念头当成习惯，融入生活。正如华罗庚所说："人家帮我，永志不忘；我帮人家，莫记心上。"

担当男孩成长箴言

◎ 你的善良，或早或晚，会得到回报

在农夫弗莱明的身上，有着平凡而伟大的品格。他的一言一行也许并不惊人，但他持之以恒的善举，却给世界带来了极大的影响。他也从帮助他人的过程中，感受到了金钱不能比拟的满足和幸福。

帮助他人的前提是富有爱心，我们不仅要爱自己、父母、朋友，也要学会关爱身边需要帮助的人。但丁说："爱是美德的种子。" 雨果也曾说："人生

是花，而爱是花蜜。”有了爱心，人就具备了美好的品格。

同时，我们也要知道，帮助别人不是空想，也不是夸夸其谈，而是行动。这些行动有时并不能引人注意，却在一点一滴中凝聚成了巨大的影响力。

懂得助人为乐的人是正直善良的，一个人能够主动给予他人无私的帮助，并从中感到幸福愉快是一种道德行为和道德情感。对于农夫弗莱明来说，即便获得再多的金钱，内心的幸福感也比不上见证自己亲手创造的奇迹，这就是他一生积德行善的意义。

10 踏遍青山人不老

三浦雄一郎，一位乐观的日本老人，虽然已经年逾古稀，却每天坚持低氧训练和高强度体能锻炼，准备在2013年，也就是80岁时挑战世界第一高峰——珠穆朗玛峰。他要重新夺回“登上世界最高峰最年长者”的荣誉。

像三浦雄一郎这样的高龄登山者在进入老龄化社会的日本并不鲜见。实际上，最年长登顶珠峰者的世界纪录多年来屡次被日本老人打破。然而，不久前，一位77岁的尼泊尔登山家获得吉尼斯世界纪录承认——打破了世界上登顶珠峰最年长者纪录。因此，三浦雄一郎宣布，将于2013年自己80岁生日之际，再次登顶珠穆朗玛峰，挑战世界纪录。

2008年5月25日，尼泊尔登山家谢尔占成功从珠穆朗玛峰南坡登顶成功，并在珠峰顶上展示“世界和平”的标语。次日5月26日，一同攀登的日本登山者三浦雄一郎也从珠峰南坡成功登顶。不过，由于谢尔占未能提供申报吉尼斯世界纪录所需材料，该纪录2009年年初将登顶珠峰最年长者的殊荣授予了三浦雄一郎。而谢尔占只获得了一份尼泊尔政府的认定书和尼总统的感谢信。

据尼泊尔当地媒体报道，2009年11月，谢尔占带着材料前往伦敦吉尼斯世界纪录总部，要求“正名”。随后，他终于获得吉尼斯世界纪录的承认。

在得知此消息后，三浦雄一郎随即表示将再次冲击珠峰。

为了实现攀登珠峰的计划，三浦雄一郎的训练计划非常详细，他的运动量是普通老人的好几倍。他购置了一个能够人工制造低氧环境的训练舱，每天晚上在这个低氧舱里过夜。黎明起床之后，脚踝绑上重物，肩背20千克重的背包，在东京市徒步行走数小时。步行结束后，如果感觉量不够，还会在跑步机上走一会儿。

知识小讲堂

珠穆朗玛峰简称珠峰，又意译作圣母峰，尼泊尔称为萨加马塔峰，也叫“埃非勒斯峰”，藏语的“珠穆朗玛”意为“第三女神”。该峰位于中华人民共和国和尼泊尔交界的喜马拉雅山脉之上，终年积雪。

珠穆朗玛峰海拔8844.43米，同时每年增长1.2厘米，是世界第一高峰，正因为如此，也是登山爱好者最渴望征服的第一高峰。

三浦雄一郎为登顶珠峰的计划已经投入了170万美元。他说：“我感觉珠峰在召唤我重回那里。”

三浦雄一郎在接受采访时说道：“能在70岁以后继续挑战登顶珠峰，对我来说是一件不容易的事情。在如今老龄化社会中，我想告诉大家，老年人其实有能力做更多的事情。”

担当男孩智囊

乐观的人永远不会向岁月低头，年龄从来不是阻挡他们前进的问题，奋斗的过程让他们感到快乐，这也是他们一直保持乐观并不断冲击新目标的原因之一。乐观的人永远看到希望，这才是人生的真谛，做一个乐观的人，本身就是一种成功。

担当男孩成长箴言

不老的心

人生是一场战斗的过程，不到死的那刻，就不能停止奋斗。乐观的人无论年纪大小，都会一如既往地向着目标前进，他们在奋斗的过程中感受到快乐，他们相信自己终有一天可以实现人生理想，即便最终无缘实现梦想，他们也从不后悔，因为快乐才是最重要的，他们在征服的过程中，体现了生命的价值。也只有像他们一样，自信乐观，才能最终登上顶峰，尽览无限风光。

一个有担当的男孩，应该拥有一颗年轻的心，当有一天你老了，也不会因此而感到失望，正所谓老有所为，老有所乐，到那时，你会因为年轻时养成的乐观心态，依旧开开心心地面对人生，这才是每个人都在追求的，那就是快乐的生活。

三浦雄一郎曾于1970年成为世界上首位在珠峰滑雪下山的探险者。2003年，70岁的三浦雄一郎成为世界上登顶珠峰最年长者。三浦雄一郎还透露，他还有驾船环游南极洲的计划。这是一位快乐的老人，像他这样的老年人还有很多，生命不息，运动不止。在他们看来，年老并不是停下来的理由，他们还有更多的梦想需要实现。

第六章

挫折与苦难，每个男孩的成长必修课

在成就大事之前，所有的挫折困苦都是值得的。若为人上人，必吃苦中苦。今天你所承受的一切，都意味着一个辉煌的未来，男孩们，勇敢地冲吧！

01 因为苦难，所以辉煌

谁能想到今天的亚洲首富李嘉诚在3岁时也曾家道中落？父亲得了重病，不久离开人世，李嘉诚只读了几个月中学就不得不离开学校，从此为生计奔波。在兵荒马乱的年月，李家孤儿寡母生活艰难。李嘉诚是家中长子，当仁不让承担起家庭生活的重担。一位茶楼老板看他们可怜，收留16岁的小嘉诚在茶馆里当烫茶的跑堂。茶楼天不亮就要开门营业，午夜还不能休息，年轻的李嘉诚也曾抱怨过命太苦，然而一次偶发事件改变了他的想法。

一天，因为疲倦，李嘉诚工作走神，将开水洒在地上，溅湿了客人的衣裤。李嘉诚很紧张，他以为难逃客人的耳光了。但让他没想到的是，客人并无责怪之意，反而为他向老板求情。“没关系的，我看这孩子挺有出息的。只是以后要记住，做什么事都必须谨慎，不集中精力怎么行呢？”

李嘉诚把这句话记在了心里，此后，“谨慎”成为他的人生信条，这也对他后来的事业起到了很大作用。

随后，李嘉诚辞去跑堂的工作，进入塑胶厂当了一名推销员，凭借出色的业绩做到了业务经理的职位。三年后，20岁的李嘉诚便开始了创业之路，他租了一间小厂房，买了一台老掉牙的压塑机，办起了“长江塑胶厂”。就这样，李嘉诚一路顺风顺水，30岁就已成了千万富翁。

谨慎的性格让他总是可以果断嗅出市场风险，当他认为塑胶花市场快不景气的时候，转投房地产。20世纪70年代初，香港房地产价

知识小讲堂

跑堂，古时候的驿站或者客栈里面的服务员，也称店小二，主要负责客栈里面的端茶、递水、送菜、送酒等基础工作。现代网络语言中指看帖不回者。

格开始回升，李嘉诚从中获利丰厚。到 1976 年，李嘉诚公司的净产值达五亿多元，成为香港最大的华资房地产实业。此后，李嘉诚节节高升，成为全球华人中的首富。

担当男孩智囊

李嘉诚曾说过："人们赞誉我是超人，其实我并非天生就是优秀的经营者。到现在我只敢说经营的还可以。我是经历了很多挫折和磨难之后，才领会了一些经营的要诀。"是的，"宝剑锋从磨砺出，梅花香自苦寒来"，人只有不断经历磨难，不断战胜困难，才能真正地成长，才能离成功更进一步。

担当男孩成长箴言

◎ 贫穷激发潜能

俗话说："神枪手是一枪一枪打出来的！"成功绝非偶然，没有坚持不懈的毅力，永远无法获得成功。李嘉诚从小饱受贫困摧残，发誓要改变这一切，致富成为他的人生目标。奋斗的道路上并非一帆风顺，但面对压力与困苦，他没有选择逃避和退缩，而是微笑面对挫折，始终坚持自己不变的远大目标，最终成就了他今日的辉煌。李嘉诚这种风光无限背后克服千辛万苦，自强不息、不向现实低头的拼劲，十分值得我们学习。

02 背起爸爸去上学

李勇的家乡宁县是甘肃省国家级贫困县，这里常年少雨，交通不便，许多农民常靠救济粮度日。1986年，李勇的父亲中风瘫痪，家里的顶梁柱突然倒了，一家人的生活重担一下子落在了身单力薄的母亲身上，家里唯一的财产就是一头耕牛，那一年，李勇只有7岁。

祸不单行，1995年，厄运再次降临：李勇的母亲积劳成疾，突发肺出血并心肌梗塞，溘然长逝。对于16岁的李勇来说，这个家彻底坍塌了！一时间，李勇彷徨无措，不知道该如何生活下去。

对于一个孩子来说，李勇既要担负起养家糊口的重任，还要照顾父亲的吃喝拉撒，同时他并不准备放弃读书，因为这是改变命运仅有的机会。对于这个饱受命运挫折的孩子来说，他在学习上非常刻苦，甚至因为营养不良加上连日劳累，头发竟大把大把地往下掉。

上苍不会忘记一个拼命努力的人，1995年7月，李勇以全县第四名的成绩被庆阳师范录取了，当他把录取通知书递到老爸手中时，老爸抽动着嘴唇，老泪纵横。

欣喜过后，问题又来了。学校离家这么远，怎样才能既照顾好父亲，又不耽误学习呢？思忖多日，李勇一咬牙，揣上卖粮得来的800元钱，带上锅碗瓢盆，背起瘫痪10年的父亲一起去上学。

李勇把父亲安排在离校不远的租赁房里，为了维生，李勇一边学习，一边照顾老爸，除此之外，还不忘赚钱。

李勇的坚韧、自强和孝行深深感动了全校的老师和同学，所有人都纷纷解囊相助，并求助于新闻媒体。至此，李勇的困境终于有所缓解，但这一切并没有让他飘飘然，反而意识到这是一份沉重的责任，于是更加刻苦读书。

知识小讲堂

国家级贫困县，又称国家扶贫工作重点县，是国家为帮助贫困地区设立的一种标准。目前，我国共有592个国家级贫困县。2014年10月17日是我国第一个扶贫日。

李勇说："父母亲为我们吃尽了苦，做儿女的行孝天经地义。我知道大家之所以关心我，帮助我，都是为了唤起社会上更多人的孝心、爱心。初中时代就资助过我的班主任昔雪霞，在送我上师范学校时说，要依靠自己，多学点知识才有出息……"

担当男孩智囊

塞廖尔·斯迈尔曾经说过："如果人生只有晴空，而没有阴雨，只有幸福而没有悲哀，只有欢乐而没有痛苦，那么，这样的生活根本不是生活——至少不是人的生活。"只有经历过挫折与苦难，才能读懂真正的人生。挫折本身并不美丽，挫折只在人们用坚持、用拼搏、用奋发去战胜它时，才越发光彩照人。

担当男孩成长箴言

◎ 阳光总在风雨后

人的一生不可能风平浪静。有的人说："人生就像心电图，要想一帆风顺，除非你死了。"人们常用"万事如意""心想事成"来祝福他人，而从来没有人用挫折来给他人以鼓励。其实，挫折才是人生必不可少的，它比一帆风顺更加重要。成长的道路上，或多或少都会遇到各种各样的挫折，只要用积极的心态去面对，用良好的精神状态去迎接，那么挫折便可以激发人的斗志，让人变得更加强大。

李勇，一个山区的苦孩子，为了照顾好父亲，又不耽误求学，毅然背起瘫痪的父亲，走上去学校读书的道路。他瘦弱的身体背起的不仅仅是生病的父亲，他背起的更是他沉重而又充满希望的未来。作为一个有担当的男孩，难道我们不应该学习李勇这种面对挫折毫不松懈的恒心与顽强的毅力吗？所以，面对挫折，不要畏惧，勇敢地挺起你的胸膛，坦然地面对逆境，去迎接人生的风雨，风雨过后，便是阳光。

03 仅有初中文凭的数学家

华罗庚，世界著名数学家，他是中国解析数论、矩阵几何学、典型群、自守函数论与多元复变函数论等多方面研究的创始人和开拓者，也是中国在世界上最有影响力的数学家之一，被列为芝加哥科学技术博物馆中当今世界 88 位数学伟人之一。

华罗庚从小就勤奋好学，爱动脑筋，他甚至因为专注于学习而被小伙伴戏称为“罗呆子”。初中毕业后，华罗庚曾入上海中华职业学校就读，然而，这个热爱学习的孩子却因为交不起学费不得不中途退学。

从此以后，华罗庚只好通过自学实现梦想，他花费了 5 年时间学完了高中和大学低年级的全部数学课程。20 岁时，华罗庚以一篇论文轰动数学界，被清华大学邀请，开始半工半学，用一年半时间学完了数学系全部课程。

华罗庚不仅精通数学，还自学了英、法、德三种语言，随着他在国外杂志上发表了 3 篇论文之后，被破格任用为助教。1936 年，华罗庚前往英国剑桥大学。在英国工作的两年时间，华罗庚攻克了许多数学难题。他的一篇关于高斯的论文为他在世界上赢得了声誉。

抗日战争期间，华罗庚毅然返回祖国，在艰苦的工作环境中写出了堆垒数论。1946 年 9 月，华罗庚应普林斯顿大学邀请去美国讲学，并于 1948 年被美国伊利诺依大学聘为终身教授。

新中国成立后，华罗庚放弃在美国的优厚待遇，克服重重困难回到祖国怀抱，投身我国数学科学研究事业。

晚年的华罗庚不顾年老体衰，仍然奔波在教育工作的最前线。他多次应邀赴欧美及香港地区讲学，先后被法国南锡大学、美国伊利诺依大学、香港中文大学授予荣誉博士学位，还于 1984 年以全票当选为美国国家科学院外籍院士。

知识小讲堂

美国科学院成立于 1863 年，由美国总统林肯授权创建，由科学家与工程师组成，致力于为美国联邦政府提供科学技术方面的咨询和建议。美国国家科学院院士被认为是美国学术界最高荣誉之一。外籍院士指的就是非美国国籍，并做出巨大贡献的科学家，美国国家科学院已有二十多名中国籍院士。

担当男孩智囊

著名数学家华罗庚曾说过：“科学上没有平坦的大道，真理的长河中有无数礁石险滩。只有不畏攀登的采药者，才能登上高峰觅得仙草；只有不怕巨浪的弄潮儿，才能深入水底觅得丽珠。”在科学研究方面所得出的每一条真理，都需要经历无数次尝试，历经挫折与失败。华罗庚在数学领域取得如此伟大的成就，正是因为他攻克了很多常人难以想象的困难，值得如今的孩子们好好学习。

再大的苦难也会在笑中变淡

华罗庚曾经因病导致左腿残疾，走路的时候，他的左腿需要先画一个大圆圈，然后右腿才能迈出一小步。对于这种看上去很奇怪的步履，他曾幽默地戏称为“圆与切线的运动”。

在逆境中，华罗庚从没有放弃与命运抗争，他说：“我要用健全的头脑，代替不健全的双腿。”同时，他还能保持开朗的态度，笑对人生挫折。正因为这种精神，他终于从一个只有初中毕业文凭的青年成长为一代数学大师。

有担当的男孩应该像华罗庚一样，即便命运不济，也不应自暴自弃，而是通过努力改变厄运。1985 年 6 月 12 日，华罗庚应邀到日本东京大学作学术报告。原定 45 分钟的报告在经久不息的掌声中被延长到一个多小时。当演讲结束时，华罗庚突然心脏病发作倒在讲台上，走完了他荣耀的一生。他用行动实践了自己的诺言：“最大的希望就是工作到生命的最后一刻。”

04 挫折铺就总统路

亚伯拉罕·林肯，美国政治家、思想家，黑人奴隶制的废除者。第 16 任美国总统，在任期间美国爆发内战，史称南北战争，林肯坚决反对国家分裂。他废除了奴隶制度，颁布了《解放黑人奴隶宣言》。内战结束后不久，林肯遇刺身亡，是第一个遭遇刺杀的美国总统，位列最伟大美国总统第一位。

1832 年，林肯失业了，他灰心失望的同时立誓要成为一名政治家，当州议员。为此，林肯不断努力，一步步实现着他的梦想。可糟糕的是，他在一年里接连遭受两次打击，竞选均遭失败。

仕途失败，林肯转向商场，他开创了一家公司，结果不到一年就倒闭了，不仅血本无归，还欠下了巨额债务，以至于在以后的 17 年间，他不得不为偿还企业倒闭时所欠的债务而到处奔波，历尽磨难。

换作普通人，早就承受不住了，可林肯从没有失去信心。他发现自己没有经商天赋，还是想在政坛有所建树，于是再一次竞选州议员。

时间不会辜负一个努力的人，这次林肯成功了。他内心萌发了一丝希望，认为自己的生活有了转机：“可能我可以成功了！”

1835 年，林肯订婚了，可临近结婚时，他的未婚妻不幸去世。这对他精神上造成了巨大的打击，从此心力交瘁，数月卧床不起。1836 年，林肯被诊断患上了神经衰弱症。

两年之后，当林肯感到身体状况不错后，决定重出江湖，再次竞选州议会议长，可他失败了。七年之后，林肯再次竞选美国国会议员，但这次仍然没有成功。

林肯一次次地尝试，一次次地遭受失败，然而，他却以超过常人的毅力坚持着。终于，1846 年，37 岁的林肯当选国会议员。

两年任期很快过去了，他决定争取连任。他认为自己作为国会议员表现是出色的，相信选民会继续选举他。但结果很遗憾，他落选了。

已经走到这一步的林肯怎能轻易放弃？在挫折面前，林肯选择坚持，终于在 1860 年 11 月，当选美国总统。

知识小讲堂

美国国会，行使立法权，主要且最明显的任务是立法，制定法律。国会分为参、众两院，议案一般经过提出、委员会审议、全院大会审议等程序。一院通过后，送交另一院，依次经过同样的程序。法案经两院通过后交总统签署；若总统不否决，或虽否决但经两院 2/3 议员重新通过，即正式成为法律。

在林肯的职业生涯中，他尝试了 11 次，只成功了 2 次，可他一直没有放弃，最终登上了总统宝座，成为命运的主宰者。

担当男孩智囊

强者面对挫折往往表现出越挫越勇的气势，而弱者面对挫折则会颓然不前。如果一个人因为遇到挫折便退缩，那么成功则会与他无缘。所以，巴尔扎克说：“苦难对于天才是一块垫脚石，对于能干的人是一笔财富，对于弱者是一个万丈深渊。”男孩们，你们应该记住，挫折是成功之前的垫脚石，绝不要让它成为阻挡你的障碍。

担当男孩成长箴言

历尽磨难，仍要坚持挑战挫折

无论你的才能、智力如何，成功对于每个人来说都是一件幸运的事，也就是说，不是谁都可以成功的。成功都是熬出来的，在这条路上必经挫折与坎坷。

林肯的一生都在面对挫败，他经历过太多挫折与失败，甚至还因此精神崩溃过一次。我想，99% 的人都会选择放弃，而林肯没有，这也是他最终成为美国历史上最伟大总统的原因吧。

生活中，我们难免遇到各种各样的对手，作为一个男孩子，就应当做好心理准备，面对困难不退却、不逃避，你不跟强大的对手对打，怎么可能战胜它？

从林肯的经历中，我们学会了如何在挫折面前坚持自己的信念。一个人如果想要成就一番事业，就必须在遇到挫折时，能够坚持下去，坚持下去才会取得成功。

作为一个有担当的男孩，在向成功之巅攀登的途中，必须牢记：梯子上的每一级横级放在那儿是让你搁脚的，是让你向更高处爬的，而不是让你休息的。

也许挫折会带给我们很多痛苦，但一定不要放弃，不要低头，不要哭泣。人总是要成长的，就让挫折帮助你成长吧！

05 艰难的日子终会过去

大卫·贝克汉姆，英国足球运动员。他在曼联成名，曾两度获“世界足球先生”银球奖，1999 年当选欧足联最佳球员，2001 年被评为“英国最佳运动员”，2010 年获得 BBC 终身成就奖。因为长相帅气，球风潇洒，贝克汉姆是全世界球迷心中的万人迷。

在 1998 年的世界杯对阵哥伦比亚队的比赛中，贝克汉姆首发登场，比赛第 29 分钟，英格兰队获得了前场任意球的机会，以任意球见长的贝克汉姆当仁不让，一脚贝氏弧线震惊世界，这是小贝在世界杯赛场上的第一个进球，也是他在国家队的第一次进球，全世界球迷都被他的贝氏弧线折服了。凭借小贝的进球，英格兰队顺利晋级八分之一决赛，他们将遭遇宿敌阿根廷队。一夜之间，小贝成为整个英格兰的英雄。

1998 年 6 月 30 日，在对阿根廷的比赛中，贝克汉姆从中场送出妙传，助攻欧文单骑闯关，先下一城。然而，转折发生在下半场开场两分钟的时候，西蒙尼故意犯规撞倒贝克汉姆，而年轻气盛的贝克汉姆没能克制住情绪，用小动作将西蒙尼踢倒，招致了红牌，直接导致形势

知识小讲堂

世界杯通常指的是国际足联世界杯，是世界上最高荣誉、最高规格、最高竞技水平、最高知名度的足球比赛，与奥运会并称为全球体育两大顶级赛事，影响力和转播覆盖率甚至超过奥运会。

大好的英格兰队败北。

一时间，贝克汉姆从天堂跌入地狱，从攻入一球的万人迷变成千夫所指的国家罪人，甚至他和他的家人都受到极端球迷的恐吓，有些球迷在球场上举着标语还要把他吊死。

所有人都认为这位新星很可能被毁掉了，但在之后的一段时间里，贝克汉姆却表现出成熟的一面，他知道唯一能使自己重新振作起来的方法就是用一个一个进球赢回球迷的心。

结果，贝克汉姆做到了，他在曼联赢得了成功，最艰难的日子终于过去了，他又成为人们心中的万人迷。

担当男孩智囊

宣永光是这样描述挫折的:“困难是欺软怕硬的。你越畏惧它，它越威吓你。你越不将它放在眼里，它越对你表示恭顺。”困难与挫折是每一个人都要经历的，对于这点强者和弱者一样，在最开始的时候一无所有，但不同之处在于，强者战胜困难与挑战收获能力，而弱者逃避困难与痛苦维持现状。

担当男孩成长箴言

◎ 从弃儿到宠儿

他是弃儿也是宠儿，他被追逐也被放逐，他在挫折中重新振作，他就是贝克汉姆，一个不仅拥有潇洒外表，还有一脚招牌任意球的家伙；一个总是能轻易牵动世人内心，一个不是天才却备受上帝眷顾的人。

贝克汉姆用不断付出、不断拼搏的精神，一路走过荆棘，走过艰难往事，迎来璀璨前程。一个有担当的男孩应该像贝克汉姆学习，或许不是天才，也不是领袖，但一定要勇敢地承担起一个男孩应尽的责任，这种勇气让人肃然起敬，如同贝克汉姆一样，在挫折面前一路走来，却不失本色。

06 肯德基与1009次拒绝

哈兰德·大卫·桑德斯，被人们亲切地称为桑德斯上校，是肯德基(KFC)的创始人，发明了著名的“肯德基炸鸡”，开创了“肯德基快餐连锁”业务。肯德基是世界上最大的炸鸡快餐连锁企业，其门店遍布世界各地，以山德士形象设计的肯德基标志，已成为世界上最出色、最易识别的品牌之一。

当年，桑德斯上校退休后，在高速公路旁开了一家小饭店。由于选址不错，加上桑德斯上校经营有方，这家饭店规模虽小，但收入还不错，深受顾客的欢迎。其中，最受欢迎的招牌菜就是由桑德斯上校亲自研制的香酥可口的炸鸡，仅此一道美味给他带来了一笔可观的财富。

多年来，客人对他烹制的炸鸡非常满意，因此积攒了很多回头客。然而，由于高速公路改道别处，饭店的生意突然间一落千丈，最后只能关门歇业。一时间，桑德斯上校没有经济来源，在走投无路的情况下，他决定向其他饭店出售他制作炸鸡的配方，以换取微薄的回报。然而，他的推销经历并不顺利，像他这么大的年纪还要充当推销员的角色，本身就是一份艰苦的工作，况且他

知识小讲堂

肯德基，是美国跨国连锁餐厅之一，也是世界第二大速食及最大炸鸡连锁企业，由哈兰德·大卫·桑德斯于1930年创建，主要出售高热量快餐食品。肯德基现隶属于百胜餐饮集团。

的炸鸡秘方并不被认可，甚至还遭到他人的嘲笑，这给老人的内心造成了很大伤害。

没人能想象，这样一位老人经历了多么艰辛的推销旅程，遭受过多少次拒绝与嘲笑，他几乎走遍了全国，终于在被别人拒绝了 1009 次后，才有人购买他的配方。一千多次拒绝之后，桑德斯上校终于迎来了属于自己的高光时刻，从此，肯德基遍布全世界，也被载入了商业史册。

人们为了纪念桑德斯上校，就在所有的肯德基店前竖立一尊他的塑像，以此作为肯德基的形象品牌。

担当男孩智囊

世界著名发明家爱迪生曾说过：“失败也是我们需要的，他和成功一样有价值，只有在我知道一切最不好的方法以后，我才能知道做好一件工作的方法是什么。” 挫折也许是种磨难，但如果你能很好地处理它，也会变成一种机遇，从而帮助你取得成功。

担当男孩成长箴言

◎ 一次成功背后的 1009 次拒绝

历经 1009 次的拒绝，换作其他人，又有多少人能坚持下去？生活中，有太多的聪明人，在刚刚遇到困难的时候就选择退缩。在他们看来，这是一种聪明的做法，然而他们做任何事都是这种态度，结果全都半途而废，成功永远与他们无缘。

纵观历史，那些伟大的成功者从不轻易被“拒绝”所打败，不达成理想、目标、心愿，他们绝不罢休。奥格·曼狄诺说：“多方努力去尝试，凭毅力与弹性去追求所企望的目标，最终必然会得到自己所要的，可千万别半途而废。”

这句话说来简单，但能够做到却很难。所以，作为一个有担当的男孩，从今天起付出必要的行动吧，哪怕只是小小的一步，只要不放弃，必有成功的一天！

07 笑着流泪的“喜剧之王”

查理·卓别林，1889 年 4 月 16 日出生于英国伦敦，英国影视演员、导演、编剧。然而，小时候的卓别林却没有这么出名。

卓别林的父母都是卖艺者，父亲走得早，母亲后来患了神经病。卓别林遗传了父母的表演天赋，从小就从事演艺方面的工作，而艰辛的生活为其日后的作品提供了宝贵的素材，从他的作品中就可以看出英国下层劳动人民的生活贫苦和无奈。

后来，卓别林来到美国发展，在这里越来越有名，然而爱情又遭遇了挫折，失败的婚姻让他将全部精力都投入了电影创作中。第二次世界大战打响，卓别林不顾危险拍摄了他第一部有声电影《大独裁者》。当时希特勒仍健在，卓别林敢这么讽刺挖苦他，并且在公众场合多次夸耀犹太民族。他对“二战”的坚定反战爱好和平的态度是伟大的，他是一个伟大的和平倡导者。

知识小讲堂

第二次世界大战简称“二战”。1939 年 9 月 1 日—1945 年 9 月 2 日，以德国、意大利、日本法西斯等轴心国（及保加利亚、匈牙利、罗马尼亚等国）为一方，以反法西斯同盟和全世界反法西斯力量为另一方进行的第二次全球规模的战争。

担当男孩智囊

犹太裔物理学家爱因斯坦曾说过："在一个崇高的目标支持下，不停地工作，即使慢，也一定会获得成功。"卓别林虽然一生坎坷，但是这些从来没有削弱他对电影的热情，经过不断地研究尝试，终于成为"喜剧之王。"

担当男孩成长箴言

◎ 在苦难中谱写欢乐

卓别林一生拍摄过很多成功的喜剧，面对人生，他这样说道："失败并不重要，嘲弄自己却需要相当的勇气！"诚然，他在电影中对自己的嘲弄令人发笑，但他真正成功的地方是将当时的社会疾苦通过喜剧的方式表达出来，两者相得益彰，让人印象深刻却不沉重。

作为无声电影时期最富创造力和影响力的喜剧大师，从童年时踏上维多利亚舞台和英国音乐堂，直到 88 岁生命终结的那一刻，卓别林的舞台生涯持续了 75 年光阴，他一生共拍摄了 80 余部喜剧片，这些影片反映了卓别林从一个普通的人道主义者到一位伟大的批判现实主义艺术大师的过程。卓别林以其精湛的表演艺术，对下层劳动者寄予深切同情，对资本主义社会的种种弊端进行辛辣的讽刺。

综观卓别林的一生，充满痛苦却富含幽默，一个有担当的男孩要像卓别林一样，学会在痛苦中的生活中寻找让人快乐的事情，不论处境多么艰难，也要笑对人生。

08 总有一次会过稿

儒勒·凡尔纳，19 世纪法国著名小说家、剧作家及诗人。这样一位鼎鼎大名的科幻小说作家，发表的第一部作品却遭受了巨大的挫折！

1863 年冬天，凡尔纳收到了一个包裹，一包鼓囊囊的邮件被递到了他的手里。当时，凡尔纳就预感到不妙，难道又要退稿了？这是他的第一部科幻小说《乘气球五周记》，他已经收到过 14 次这样的包裹了，都是出版社退回来的。

怀着忐忑不安的心情，凡尔纳拆开了包裹，上面写道：“凡尔纳先生：书稿经我们审读后，不拟出版，特此奉还。”又是一封心如刀绞的退稿信，凡尔纳难过极了。这已经是出版社第 15 次退稿了，作为一名新人，他的作品总是被出版社无情地退回。

凡尔纳情绪失控了，他恶狠狠地发誓从此再也不写了。他拿起手稿向壁炉走去，准备把这些稿子付之一炬。幸好妻子赶了过来，一把抢过书稿并死死抱在怀里。余怒未消的凡尔纳不听妻子的劝告，说什么也要把稿子烧掉。

妻子知道丈夫所经历的艰辛，不忍他就此放弃，于是用满怀关切的语言安慰丈夫，“亲爱的，不要灰心，再试一次吧，也许这次能交上好运。”其实，凡尔纳只是一时

知识小讲堂

科幻小说，是西方近代文学的一种新体裁。它的情节发生在人类未知的世界，但基础则是有关人类或宇宙起源的某种设想，有关科技领域（包括假设性的科技领域）的某种虚构出来的新发现。

情绪失控，他心里爱极了这部作品，听到妻子的安慰，凡尔纳的心情平静了很多。

沉默了一段时间之后，凡尔纳听从妻子的劝告，重新振奋精神，抱起这一大包书稿继续访问第十六家出版社。没想到，这一次终于有编辑看上了稿子，与凡尔纳签订了20年的出书合同。

如果没有妻子的鼓励，如果没有“再努力一次”的勇气，我们也许根本无法读到凡尔纳笔下那些脍炙人口的科幻故事，人类就会失去一笔极其珍贵的精神财富。

担当男孩智囊

荀子——《劝学篇》中有：“锲而舍之，朽木不折；锲而不舍，金石可镂。”坚持下去，终会迎来成功的那一天。只要你对自己的能力坚信不疑，任何挫折都不能将你击倒。

担当男孩成长箴言

苦尽甘来的艺术

凡尔纳一生著作颇丰，创作过很多脍炙人口的经典作品，以《在已知和未知的世界中奇妙的遨游》最为知名，还有代表作《格兰特船长的儿女》《海底两万里》《神秘岛》以及《气球上的五星期》《地心游记》等。然而，在这些作品中，最艰难的当数第一部作品。

凡尔纳的作品对科幻文学流派产生重要的影响，因此他与赫伯特·乔治·威尔斯一道，被一些人称作“科幻小说之父”。而这位“科幻小说之父”却在最开始的时候险些放弃，世人差一点就错过了如此伟大的作家和他的作品。可见，成功与失败不过一步之遥。

一个有担当的男孩在面对失败之时要记得凡尔纳的故事，没有谁的人生是一帆风顺的，也没有谁的人生永远都处在困境之中，勇于面对挫折和失败，只有毅然地跨出通往成功的下一步，才能迎来成功与辉煌。

09 雪铁龙汽车创始人

他叫安德烈·雪铁龙，雪铁龙汽车的创始人。也许很多朋友对法国汽车并不了解，也许更多的人只知道奔驰制造了世界上第一辆汽车，其实，雪铁龙公司推出了世界上第一款前驱车。

1878 年 2 月 5 日，安德烈·雪铁龙出生于法国巴黎。原籍荷兰，父亲是个从事珠宝生意的商人，母亲是波兰人，家境富裕，家里有 5 个孩子，雪铁龙是最小的一个。

安德烈从小酷爱科学，沉溺于凡尔纳的科幻小说。由于家境殷实，安德烈小时候衣食无忧，生活幸福。然而，这一切在安德烈 6 岁的时候都结束了。父亲投资失败，血本无归，家里原有的积蓄似乎在一夜之间化为乌有。

面对如此重大的挫折，父亲没能撑过来，他无法接受这样的结局，选择自杀结束了一生。父亲死后，母亲也不堪忍受这样的打击，本来就多病的身子更虚弱了，不久也去世了。

一瞬间，原本幸福美满的家庭破碎了。从此，安德烈告别了舒适的生活，在亲戚的救济下，他艰难地生活着。

然而，安德烈并没有像父母一样倒下，也没有一蹶不振，他相信，一切磨难都将过去，他可以改写未来。

凭借天赋以及不懈的努力，安德烈考进了著名学府——巴黎高等综合工科学院，他之所以选择工科，是想掌握一门可靠的技术，作为自己以后求职时的资本。虽然他是商人的后代，但因为父亲因经商失败而带来的一系列变故，始终影响着他，因此，潜意识里，他对商科充满了怀疑和不信任。

安德烈相信，科技的进步一定会给人类带来幸福，而他的理想就是当一名工程师。

1900 年，大学毕业的安德烈去波兰外婆家探亲度假。旅途中，他偶然注意到一个装置上按“人”字形拼成的齿轮，这个小发现给了他灵感，从外婆家回来后，安德烈发明了“人”字形齿轮传动系统，即以双人字造型更简便地对传动装置进行切削的工艺，它比用传统造型切割的方法声音更轻、更省力。就是这个小小的发现，成就了安德烈·雪铁龙光辉的一生。

1905 年，安德烈建立了自己的小公司，专门从事齿轮生产，因为“人”字形齿轮的平稳和效率，很快开始销往整个欧洲，但安德烈对此并不满足，他总觉得光生产齿轮是不够的，还应该继续向前进。

1908 年，安德烈接受了一家濒临破产的电路电子信号设备厂，为了找出企业的弊端，他来到公司基层视察，凭借一种敏锐的观察力和决断力，他意识到公司最主要的障碍来自于小作坊式的生产模式，于是安德烈大刀阔斧地改变了旧有的经营方式，使公司的经营状况大有好转。

1912 年，安德烈迎来了至关重要的一年。他来到了美国，参观了亨利·福特的汽车厂，正是这次参观，极大地震动了安德烈，他终于想明白，在齿轮生产之后，公司的发展方向是什么，那就是生产汽车。

安德烈十分欣赏福特公司的大批量流水线生产方式，把它第一次引入了法国，在自己的工厂里进行试验。

1913 年，他把自己的公司定名为“安德烈齿轮工厂”，专门从事齿轮传动机的生产，同时开始生产汽车。他以齿轮上的齿形形状为象征，建立了工厂标志，并以此作为产品的商标。今天，这个标志早已成为经典。

安德烈的齿轮生产技术日益成熟，而且声名在外，对于齿轮销售从不担忧。然而，在汽车生产方面却不顺利，他进行了几次尝试，但都因为这样或那样的原因，失败了。正当他想继续干下去的时候，“一战”爆发了，他的汽车试验不得不停止。

事业刚刚有所起色的安德烈•雪铁龙，不得不投入到前途未卜的战争中，难道这就是命运？然而，逆境并不意味着灾难，安德烈没有在战争中倒下，反而以此为契机，攒够了资本，为公司的发展奠定了基础。

战争结束之后，军火生意的成功使安德烈变富裕了，手握雄厚的资本，他可以开始大规模生产汽车了。他向众人夸下海口：“以后要每天生产100辆汽车！”要做法国的“福特”，但几乎没有一个人相信他，大家都认为他疯了。

安德烈并没有吹牛，他开始付诸行动。由于经验不足，他高薪聘请了一位汽车高级工程师。安德烈还遗传了父亲的经商智慧，他考虑到战后人们的购买力不足，因此专门走“低价”路线。

1919年5月28日，A型汽车诞生了，该型车发动机功率为13.2千瓦，最大速度为65千米/小时。百公里油耗为7.5升，采用电子打火、3挡变速器。A型车面世后，很快就收到了1.6万份订单，成为当时法国乃至欧洲的汽车明星。

这是雪铁龙汽车公司创建后制造的第一批汽车。

由于A型车油耗低，1920年在勒芒获得最佳经济性能奖，这一名声很快为雪铁龙带来好运，到1923年，其日产量已达200辆，到1924年，日产量则达300辆，雪铁龙成为欧

知识小讲堂

雪铁龙汽车公司是法国第三大汽车公司，由安德烈·雪铁龙于1915年创立，主要产品是小客车和轻型载货车。雪铁龙公司总部设在法国巴黎。2002年10月，公司由东风汽车公司与法国雪铁龙公司的合资合作提升为与法国PSA集团（标致雪铁龙集团）的合资合作。

洲的成功汽车厂家之一。

担当男孩智囊

贝多芬说："卓越的人一大优点是：在不利与艰难的遭遇里百折不挠。"以此激励人们战胜困难。男孩们一定要知道，成功从来不是轻而易举的事，然而只要有决心和毅力，就能够化解一切难题，迎来美好的未来。正如培根所说："一切幸福都并非没有烦恼，而一切逆境也绝非没有希望。"

担当男孩成长箴言

在逆境中看到希望

每个人的一生都会经历许多坎坷，但我们对待逆境的态度，决定了我们的未来是成功还是失败。塞缪尔·斯迈尔曾经说过："如果人生只有晴空，而没有阴雨，只有幸福而没有悲哀，只有欢乐而没有痛苦，那么，这样的生活根本不是生活——至少不是人的生活。"是啊，人生只有经历挫折和苦难才叫生活，这些出现在生命中的坎坷经历，也因为练就人的性格而美丽。当我们处在逆境中，不必惊慌和胆怯，因为，逆境中也有希望的曙光。

要知道，逆境更有利于个人成长，在逆境中，人们往往会收获在顺境时不曾关注的理念与知识。对于很多人来说，逆境会带来绝望的情绪，然而对于乐观顽强的人，逆境反而会让他们看到希望，找到奋斗的动力。所以，优秀的男孩应该懂得逆境重生的道理，要相信一切困难都是你重获希望的动力，你一定可以战胜挫折，攀登人生顶峰。

第七章

有担当的男孩，敢于直面自己的失误

没有人不犯错，只有人不认错。既然大家都会犯错，那又为什么不敢承认呢？真正勇敢的男孩，真正有担当的男孩，敢于直面自己的错误，并且懂得及时改正错误，他们也因此被人尊重。

01 负荆请罪

廉颇，战国末期赵国的名将，与白起、王翦、李牧并称“战国四大名将”。廉颇因为勇猛果敢而闻名于诸侯各国。

战国时期，有七个大国，分别是秦、齐、楚、燕、韩、赵、魏，被称为“战国七雄”。在这七国之中，又数秦国最强大，其余六国对秦国都有所忌惮。有一次，秦王派使者约赵王在渑池会谈。秦国常常欺侮赵国，赵王害怕但又不敢不去，便请蔺相如一同付渑池之会。会面时，蔺相如凭借勇气和智慧，化解了秦王对赵王的侮辱，保全了赵国和赵王的尊严。渑池之会结束以后，赵王对蔺相如的功劳大加赞许，并封他为上卿（相当于后来的宰相），地位在大将军廉颇之上。

消息传到赵国大将军廉颇耳朵里，惹得他当即大怒：“我是赵国将军，有攻城野战的大功，而蔺相如只不过靠能说会道立了点儿功，可是他的地位却在我之上，况且相如本来是个平民，我感到羞耻，在他之下我难以忍受。”并且扬言说：“他日我若遇见相如，一定要羞辱他。”

相如听说后，为避免不必要的麻烦，不肯和他相会。相如每到上朝时，常常推说有病，不愿和廉颇去争位次的先后。没过多久，相如外出，在邯郸城回车巷远远看到廉颇，相如就掉转车子回避。

蔺相如手下的人见状，非常不服气，便对蔺相如说：“我们之所以离开亲人来侍奉您，就是仰慕您高尚的节义呀。如今您与廉颇官位相同，廉老先生口出恶言，而您却害怕躲避他，您怕得也太过分了，平庸的人尚且感到羞耻，何况是身为将相的人呢！我们这些人没出息，请让我们告辞吧！”蔺相如坚决地挽留他们，说：“诸位认为廉将军和秦王相比谁厉害？”大伙儿说：“廉将军比不了秦王。”相如说：“以秦王的威势，而我却敢在朝廷上呵斥他，羞辱他的群臣，我蔺相如虽然无能，难道会怕廉将军吗？但是我想到，强大的秦国之所以不敢攻打赵国邯郸城，就是因为有我和廉将军在呀，如今两虎相斗，势必不能共存。我之所以这样忍让，就是为了要把国家的急难摆在前面，而把个人的私怨放在后面。”

知识小讲堂

渑池之会，出自司马迁《史记·廉颇蔺相如列传》。秦昭襄王为集中兵力攻打楚国，主动与赵国交好，约赵惠文王于渑池相聚（今河南省渑池县），然而赵王怕有诈，于是带着蔺相如一同前往。在谈判的过程中，蔺相如机智地保护了赵王的安全并且不被羞辱，史称“渑池之会”。

蔺相如的话传到了廉颇的耳朵里。廉颇静下心来想了想，觉得自己为了争面子，竟然不顾国家的利益，实在是惭愧极了。于是，他脱下战袍，背上荆条，到蔺相如府门上请罪。蔺相如见廉颇负荆请罪，连忙热情地出门迎接。从此以后，他们俩成了好友，同心协力保卫赵国。

此后，“负荆请罪”也就成了一句成语，表示向别人道歉、承认错误的意思。

担当男孩智囊

莎士比亚在剧作《无事生非》中写道：“一个人知道了自己的短处，能够改过自新，就是有福的。”人们在生活中犯错是无可非议的，只要能及时反省，认真改正，就能从中有所收获。对于真正的男子汉来说，承认错误时放低姿态，并不是有失尊严的表现，相反，这样的举动更能赢得别人的尊重。

担当男孩成长箴言

◎ 敢于承认错误则错误已经改了一半

在这个故事中，我们看到了大将军廉颇对待蔺相如态度的转变。从一开始的不服气甚至总想找机会羞辱对方，到后来的愧疚和自省，再到最后的负荆请罪，让我们懂得一个道理，人人都会犯错，但一定要知错就改，如果过于顾及面子，一意孤行，往往会酿成大祸。故事中廉颇将军虽然一度为了自己的面子而对蔺相如不敬，但最终选择了认错，这是一种值得敬佩的男子汉行为，他的精神也是值得我们学习的。

很多人犯错之后，往往碍于面子不肯承认错误，甚至一味抵赖。我们应该明白，在错误面前百般狡辩、推卸责任，并不能顾全尊严，恰恰相反，这种行为只能让人轻视。在错误面前勇于承认、懂得自省、积极改正并真心致歉，才是一个有担当的男子汉应有的行为，也是值得大家尊重的行为。

02 被砍坏的樱桃树

乔治·华盛顿，美国联邦党政治家，美国首任总统，被美国称为“国父”，美国独立战争大陆军总司令。

每个男孩都有调皮的一面，美国首位总统华盛顿也不例外。在华盛顿小的时候，他和其他调皮的男孩一样，总想尝试做不同的事，也因此犯了不少错。但不经历犯错就不会成长，只要勇敢承认错误，每个爱闯祸的男孩都能成长为真正的男子汉。

华盛顿小时候，一天，父亲送给他一把小斧头，斧头锃亮，锋利无比。

小华盛顿拿到斧头之后很兴奋，他经常看到父亲用大斧头砍倒大树，所以自己也想一试身手。淘气的小华盛顿很聪明，他知道自己砍不动大树，那么就找一棵小一点的练手，这时他发现了花园里的樱桃树，“这棵小树正合适，让我来试试身手吧！”

想到这里，华盛顿举起小斧头就是一顿猛砍，他很兴奋，不一会儿就把樱桃树砍倒在地。小家伙高兴极了，很有成就感，却不知道这棵樱桃树是老爸的最爱，而且是花了大价钱买来的。

知识小讲堂

樱桃树，樱桃树为蔷薇科，是落叶乔木或灌木丛生，又名莺桃、含桃、牛桃、朱樱、麦樱、蜡樱、崖蜜等。最高可达8米。花白色，径1.5~2.5厘米，萼筒有毛；3~6朵簇生呈总状花序。果近球形，径1~1.5厘米，红色。花期3个月，果5~6月成熟。

爸爸回家之后，看见心爱的樱桃树被砍断了，非常生气。这下小华盛顿才意识到自己闯祸了，不过，令爸爸欣慰的是，小华盛顿主动承认了错误：“爸爸，樱桃树是我砍的，我想试试您送我的斧头是不是很锋利。”

小华盛顿说出真相的时候心里忐忑不安。父亲虽然为樱桃树而惋惜，但看到儿子能够主动承认错误，非常欣慰，不但没处罚他，反而称赞了他。在华盛顿的爸爸看来，一万棵樱桃树也比不上一个诚实的孩子！

担当男孩智囊

莎士比亚说：“善良的心地等于黄金。”谁都有可能犯错，但犯错的人并不一定都是丑恶的人，只要他能勇敢地承认错误，那么他的心里就有善良存在。对于男孩来说，很多人都会因为调皮闯祸，有时也免不了要被父母责备。但是有担当的男子汉，在任何情况下都不会逃避自己的过失，因为他们懂得，逃避不是男子汉的行为，只有坦诚面对，才能避免错误再次发生。

担当男孩成长箴言

◎ 主动承认错误是成熟的表现

莎士比亚曾在作品中写下这样一句话：“最好的好人，都是犯过错误的过来人；一个人往往因为有一点小小的缺点，将来会变得更好。”我们要知道，对于每个人，尤其是年轻人来说，犯错误再平常不过了，但关键的是面对错误的态度。

我们所犯的每一个错误，实际上都面临着机遇和风险，我们在犯错之后的行为，对自己日后的成长和发展产生非常重要的影响。不思进取会带来糟糕的处境，导致在错误的泥沼里越陷越深。而及时反思则会让我们发现自己的不足，积极改正，不断进步。

俗语说：“金无足赤，人无完人。”即使美国首任总统华盛顿，在小的时候也因为调皮而犯了不少错误。但我们从他的故事中，没有看到他为了寻求解脱而编造说辞，而是看到小华盛顿勇敢地承认了自己的错误。他这种勇敢、坦诚的精神，值得我们学习。

03 关键时刻的一次“回头”

尤里·阿列克谢耶维奇·加加林，世界第一名宇航员，苏联红军上校飞行员，是第一个进入太空的地球人。1968 年 3 月 27 日因飞机失事遇难，但具体死因仍众说纷纭。

1961年4月12日是人类历史上一个值得铭记的日子。这一天，苏联宇航员加加林完成了108分钟的太空飞行，平安地回到了地面。这意味着人类圆满完成了对太空的第一次探索。从此，人类遨游银河的伟大构想成为现实，加加林也因此成了全世界的英雄。

加加林成为家喻户晓的明星，这个年仅25岁的宇航员开始频繁出现在世界各地的电台和报纸上。在苏联，加加林也成为明星级人物，享受到了非同一般的政治待遇。在出席活动时与“火箭之父”科罗廖夫并肩而坐，甚至苏共中央总书记赫鲁晓夫都热情地接见了他。

随之而来的各种荣誉奖章挂满了加加林的胸前，军衔也从上尉升为少校。此时的加加林，所到之处都会受到人们的热烈欢迎和追捧。

对于一个只有25岁的年轻人来说，突如其来的巨大名誉让他一时间“找不到北”，显然他有些飘飘然，甚至漠视社会规则。他常常驾驶国家奖给他的伏尔加轿车在街道上横冲直撞，完全不遵守交通规则。有一次，加加林开车闯了红灯，还撞翻了另一辆汽车，两辆车都严重变形，所幸两人只是受了点儿轻伤。

这是一起责任明确的交通事故，错的人是加加林，但是警察在认出这位大明星之后，做出了荒唐的举动，警察微笑着向他敬了一个礼，不仅没有追究加加林的责任，还当即保证要“追究肇事者”。被撞的司机虽然受了伤，但是害怕被当作“肇事者”追究责任，只好赔着笑脸说没事。

不仅如此，警察还拦下了一辆汽车，叮嘱司机将加加林安全送到

知识小讲堂

宇航员，或称航天员，是指以太空飞行为职业或进行过太空飞行的人。截至2013年，全世界仅有苏联/俄罗斯、美国、中国三个国家拥有发射载人航天任务的能力。其他国家的宇航员都需要与以上三国合作来完成载人航天任务。自1961年人类首次飞天以来，共有来自38个国家的宇航员先后飞天。

目的地，却把真正的受害者留在原地不管不顾。

加加林在这个国家享受着特权，像往常一样，没有人敢来追究他的责任，然而这一次加加林的内心却很不好受，在行驶了一段时间之后，加加林让负责送他的司机赶忙掉头，回到了出事地点。警察与受害者还在处理善后事宜，加加林冲过去态度诚恳地认了错，并帮助对方修好汽车，承担了全部费用。

在这件事上，加加林无疑是一个勇敢的人，他敢于承认和改正错误。犯错并不可怕，而真正可怕的是知错不改。这关键时候的一次“回头”，不仅让加加林重拾起责任和礼貌，也让人们更加尊敬和爱戴他。

担当男孩智囊

苏联美学家卢那察尔斯基说：“犯错误乃是取得进步所必须交付的学费。”每个人都会犯错误，即便是很多取得了不小成就的人，也都会犯错。有时，人们会对身份地位高的人网开一面，但我们要明白，越是在这样的时刻，越能考验一个人的品德。因此，无论身份地位怎样的人，隐瞒错误的行为都会为人所不齿，而勇于承认错误并积极改正的行为，才能赢得尊重。

担当男孩成长箴言

骄傲自满是一座可怕的陷阱

人们常说：“虚心使人进步，骄傲使人落后。”事实上，很多人在成绩、荣誉和赞扬面前，都很容易出现骄傲自满的情绪。在骄傲的情绪驱使下，人就很容易忘乎所以，犯下错误。在加加林的故事中，我们就看到了一个年轻的宇航员在取得成绩之后的心态变化，突然降临的巨大名气冲昏了加加林的头脑，他开始忘乎所以，不再严格要求自己的言行。但幸运的是，他及时地发现了自己的错误，并积极地改正过来。也正因为如此，他才始终受到人们的尊敬和爱戴。

我们要明白，每个人取得好成绩时，都难免会产生骄傲自满的情绪。这时，就要求我们学会虚心，学会心态平和，只有这样，才不会因为骄傲自满而止步不前。无论何时，平和谦虚的心态都会让人受到尊重，也会让人不断进步。

04 华沙之跪

维利·勃兰特，德国政治家，1969～1974年任联邦德国总理，1970年的“华沙之跪”令全球瞩目。为此，他在1971年成为诺贝尔和平奖获得者。

1970年12月7日，联邦德国总理勃兰特在华沙做出了震惊世界的举动，在这里，勃兰特为了向受到纳粹迫害的人们谢罪，当着全世界人民的面下跪，这个具有历史意义的时刻被称为“华沙之跪”。

1939年9月，当纳粹德国攻陷波兰之后，竟然发起了“灭绝犹太人”的残酷运动。随后，纳粹军队开始大肆屠杀犹太人。截至1943年年底，纳粹恶魔将围困在此的近40万犹太人残忍杀害，勃兰特前来祭拜的死难者纪念碑，正是为了这些受害人所建。

当天，勃兰特恭敬地献上花圈，在纪念碑前垂首致意，突然他双膝跪地，他要为德国人犯下的错误而赎罪！

这一刻，所有人都惊呆了，因

知识小讲堂

诺贝尔和平奖是由瑞典发明家阿尔弗雷德·诺贝尔所创立的五个诺贝尔奖之一，评选工作由挪威诺贝尔委员会负责，在挪威首都奥斯陆颁发。和平奖的评奖委员会是由5人组成的挪威诺贝尔委员会，其成员由挪威议会任命。截至2013年，已有100人和23个机构获得了诺贝尔和平奖。

为勃兰特的举动并未在日程安排之内，也就是说，这是他的临时起意，随行人员被他这一跪惊呆了，而在场的波兰官员和民众，更是被他这突如其来的举动深深震撼了。最快缓过神来的是各国记者们，他们赶忙举起手中的相机，将这伟大的瞬间永远定格下来。勃兰特双膝跪地的形象成为永恒，这一刻他被原谅了。

“华沙之跪”也成为联邦德国与东欧重归于好之路上的一座重要的里程碑，并为联邦德国在 1973 年 9 月加入联合国铺平了道路。

担当男孩智囊

美国有一句谚语：从错误中学到的东西，比从美德中学到的东西往往还要多。永远不要因为承认错误而感到羞耻，每个人都会犯错，既然不可避免，那么在犯错之后就应该主动站出来，承认错误，避免再犯同样的错误。只有这样，才能成为值得人们尊敬的人。

担当男孩成长箴言

一个国家需要勇气面对曾经所犯下的罪恶，一个人也要有勇气正视自己的错误，成长中的孩子最容易犯错误，然而一个有担当的男孩，绝对不会逃避错误，他们敢于承认错误，正因为如此，他们变得勇敢，也被老师欣赏，被同学认可。这样的孩子，一定会在未来担当大任。

每个人都渴望成功，渴望做得更好，在实现梦想的过程中，难免会犯一些错误，这是很正常的，所以不必害怕犯错，只要拿出正视错误的勇气，就没人会指责你。随着你所犯的错误越来越少，你也会在成功的道路上越走越远。

勃兰特的“华沙之跪”，体现了一种伟大的责任心，值得所有人学习，尤其是立志在未来成就事业的男孩们，培养责任心，敢于正视错误，你将成为一个出色的人。

05 半个世纪的忏悔

1958年，伊恩·费希尔刚刚17岁，他还是美国菲尼克斯市卡默尔巴克中学的一名高三学生，他对机械制造方面的图书很感兴趣，经常去图书馆借阅这方面的图书。一天，他来到学校图书馆闲逛，看见了两本非常喜欢的书，他之前非常想买，可是昂贵的价钱是他承受不起的。在美国，一本书的价钱很贵，而伊恩只是一个穷学生，家庭条件不好，所以他根本就买不起，每次只能看着心爱的图书而感叹。

没想到这一次能够在图书馆见到这两本书，他非常激动，迫不及待办理了借阅手续，将书带回家认真品读。很快就到了还书的日子，可是伊恩意犹未尽，并不想还书，临近毕业，图书管理员多次催促他归还那两本书，可他每次都以各种理由搪塞过去，直到离校时，也没有将书归还。

为了生计，伊恩毕业后没有考大学，而是做了一名机床工。由于此前他对机械制造很感兴趣，又从那两本书中学到了很多知识，所以他的工作成绩很出色，遥遥领先其他人。五年之后，他就从一个普通机械工成为一名工程师，收入水平也大幅提高。

别看他的收入越来越多，但是他的内心却饱受煎熬，这五年中，伊恩多次萌发还书的想法，却没有勇气迈出那艰难的一步，心灵也因此备受煎熬。每隔一段时间，伊恩就会莫名其妙地一个人躲在房间里叹气，开始妻子以为他在工作上遇到了困难，所以倍加呵护。然而，妻子越是关照，他就越愧疚。

时间久了，妻子发现了端倪，伊恩每次愁眉不展的时候，手里总是捧着两本书仔细端详，所以她认定伊恩的情绪起伏一定与这两本书有关系。于是，妻子找了一个机会，跟他谈起了两本书的故事。

在妻子的鼓励下，伊恩终于说出了埋藏在心底51年的秘密。说完之后，他哭了，但是却感到无比轻松，他对妻子说：“这块心病，已经折磨了我几十年，谢谢你的鼓励，让我认识到错误，我要去改正当年的错误。”

2009年11月13日，伊恩一大早就去了邮局，将51年前借阅的两本图书精心包裹好，又写了一封致歉信，并在包裹中附上了1000美元，然后邮寄给了卡默尔巴克高中图书馆。

伊恩在信中坦诚了自己的错误，并做了深刻的道歉。尽管这是一次迟来的道歉，但卡默尔巴克高中图书馆的负责人在收到包裹后还是很意外，同时也非常欣慰，对于一个有勇气在半个世纪之后承认错误的人，我们不该再批评他，反而非常欣赏他的勇气。

知识小讲堂

菲尼克斯市位于美国西南部，亚利桑那州首府，面积2137平方千米，是美国第九大城市，也是美国发展最快的城市之一。菲尼克斯市被誉为“太阳的峡谷”，每年日照达310天以上，是有名的旅游胜地和避寒地，旅游业是该市第二大产业，著名的华美（Rarmada）国际饭店系统总部就设在该市。

担当男孩智囊

我们都会犯错，很多人在犯错之后习惯性逃避，而少数人则敢于承认错误，所以说，一个敢于正视错误、敢于承认错误的人，是值得人们敬重的，他比那些不敢承认错误甚至有意逃避的人更令人敬佩。

担当男孩成长箴言

说谎很容易，但是任凭谎言在内心发酵，那种感觉并不是任何一个普通人都可以承受的，谎言会侵蚀一个人的灵魂，让人失去真正的自我。我们都有犯错的时候，但是如果让错误在心中发酵，那么最终饱受煎熬的还是自己。作为一个有担当的男孩，首先要学会勇敢面对错误，犯错误之后，不要害怕承认错误，责罚是一定的，但是与内心长久的煎熬比起来，短暂的责罚根本不算什么，它只会让你牢记这次教训，并对你的未来更加有益。因此，无论早晚，当你意识到错误之后，一定要勇于承认，真诚道歉，你才会重新恢复平和的心态，找回真正的自我。

第八章

有担当的男孩，贵在坚持与毅力

从来没有轻而易举的成功，为了更好的明天，请坚持下去，无论结果如何，都已经证明了你是一个有担当的人。所以，勇敢的男孩们，请练就顽强的毅力，坚持走下去吧！

01 播下改变世界的种子

袁隆平，中国杂交水稻育种专家，被称为中国的“杂交水稻之父”，中国工程院院士。2006 年 4 月当选美国国家科学院外籍院士。2010 年荣获澳门科技大学荣誉博士学位。2011 年获得“马哈蒂尔科学奖”。

俗话说：“民以食为天”。从盘古开天辟地的那一刻起，人类就从未停止过与饥饿的抗争。即便是今天，世界上很多国家的人们还在饱受饥饿。因此，粮食问题，也成为人们最关心的问题。在中国，很多孩子都过着衣食无忧的日子，他们很难想象，此时此刻，地球上还有超过十分之一的人口正在忍受饥饿，而平均每天都有 24000 人因为饥饿而死去。对于中国这个耕地面积只占世界 7%，人口却占世界 22% 的第一人口大国来说，粮食问题成了最为现实而残酷的问题。

正是基于这样的背景，中国在这方面下了很大工夫。20 世纪 70 年代，中国通过对杂交水稻的成功研究，最终将水稻亩产从 300 千克提高到了 800 千克，增产 200 多亿千克，增产的粮食可以多养活 7500 万人。一粒种子改变了世界，他就是被称作“当代神农氏”的杂交水稻之父袁隆平。他用实际行动向全世界证明，中国人不仅可以养活自己，还能为解决世界粮食问题作出巨大贡献。

然而，这粒神奇种子诞生的过程并不顺利，它是在多年的坚持中诞生的。当年，袁隆平还是一位青年教师，他被试验田里一株巨大型的水稻吸引了，他希望研制出更大的水稻，然而经过一年的努力，他的希望落空了，这些种子发出的禾苗不仅高矮不一，而且抽穗的时间也有前有后，没有一株超过它们的前代。

袁隆平并没有放弃，他继续研究，想到了蒙德尔遗传学理论，结合该理论，袁隆平继续冥思苦想，并且不为权威所限，通过科学的研究揭示出水稻杂交的奥秘和规律。至此，袁隆平非常兴奋，因为找到了可行的研究方向，可实际研发过程并非一帆风顺。从理论到成果，还需要走过一段异常艰辛的道路。

袁隆平先后经历过很多次挫折，包括人为的毁坏秧苗，地震的天灾考验，权威的质疑与嘲讽，这些都不算什么，打击最大的是试验一次又一次失败。幸好他没有放弃对杂交水稻的探索，在无数次的失败之后，袁隆平顶住了巨大压力，继续研究、试验，改进品种组合，终于迎来了杂交水稻的成功。

1976年，历经十多年的不懈努力之后，杂交水稻终于得以大面积推广，全国达到208万亩，增产全部在20%以上。1981年，袁隆平因为杰出贡献被授予新中国第一个、迄今为止唯一一个国家特等发明奖。1982年，国际水稻研究所学术会首次公认：中国科学家袁隆平为世界“杂交水稻之父”。

在铺天盖地的赞扬声中，袁隆平并没有失去冷静，他清醒地意识到杂交水稻的不足之处，他评价说：杂交水稻“前劲有余，后劲不足；分蘖有余，成穗不足；穗大有余，结实不足”。因此，他仍然继续进行他的研究，从未停止前进的步伐。

如今，杂交水稻已经传播到了全世界，他用坚韧不拔的毅力，为“没有饥饿的未来”付出了所有的青春和汗水。这个梦想，伴随他从一个刚毅的汉子变成一位智慧的老人，让我们看到了一个真正的男子汉在苦难面前的顽强与不屈。

知识小讲堂

杂交水稻，指的是选用两个在遗传上有一定差异，同时它们的优良性状又能互补的水稻品种进行杂交，生产具有杂种优势的第一代杂交种，用于生产，这就是杂交水稻。杂种优势是生物界的普遍现象，利用杂种优势提高农作物产量和品质是现代农业科学的主要成就之一。

担当男孩智囊

托尔斯泰说：“当苦难来访时，有些人跟着一飞冲天，也有些人因之倒地不起。”爱默生也曾告诫年轻人：“困难，是动摇者和懦夫掉队回头的便桥；但也是勇敢者前进的脚踏石。”在成功之前，每个人都不可避免地历经种种艰辛，唯有意志顽强的人才能坚持到最后，也只有这些人才有资格品尝到胜利的喜悦。

担当男孩成长箴言

坚持爬到山巅的人才能欣赏到最美的风景

罗曼·罗兰曾说过：“累累的伤痕就是生命给你的最好东西。因为在每个创伤上面都标志着前进的一步。”当我们遇到困难的时候，怨天尤人并不能解决问题，而只能让我们身陷消极的情绪中。我们应当试着平静面对，用积极的态度面对人生。我们要知道，在任何困难面前，都能找到解决问题的办法，换言之，没有困难的地方就无须动脑筋思考，过于平顺的经历反而会让前进的脚步迟缓下来。这样看来，困难的确是生活给予每个人最好的礼物。

只有能够承受痛苦和挫折的人，只有能够坚持到最后的人，才能迎来最终的胜利和欢乐。对于真正的男子汉来说，苦难是一种磨炼，也是成长的必修课。在袁隆平的故事中，我们看到了他为了“人类没有饥饿”的梦想所付出的艰辛，也看到了他面对各种各样的失败和挫折，始终不屈的顽强精神。在杂交水稻的试验中，无论是人为破坏，还是天灾所难，都让科研进程举步维艰。但是，数十年坎坷的经历并没有让袁隆平和他的团队败下阵来，而是换来了更加执着和严谨的探索。

对有志者来说，顽强的毅力是他们成功的保障，正如古人云：“不经一番寒彻骨，哪得梅花扑鼻香？”

02 篮球是一生追求

迈克尔·乔丹，美国著名篮球运动员，司职得分后卫，绰号“飞人”。在整个职业生涯中，乔丹获得十次得分王，并率领公牛队第六次夺得总冠军。2009年9月11日，乔丹正式入选NBA名人堂。乔丹也是广大篮球爱好者心中的篮球皇帝。

篮球是世界上炙手可热的竞技运动，受到很多年轻人的喜欢，而迈克尔·乔丹则是神一样的存在，他几乎是每一位篮球迷心中的超级偶像。即便是这样一位超级巨星，他的成功也并非一帆风顺，如果没有超人的毅力与坚持，不可能取得如此辉煌的成绩。

知识小讲堂

NBA名人堂，全名为奈·史密斯篮球名人纪念堂。1891年，一个名叫詹姆士·奈·史密斯的年轻教师发明了一种运动，他在体育馆阳台上钉上两个桃子篮，逐渐把篮子升高到3米，以提高运动员的运动技能，这就是篮球的雏形。后来，以史密斯的名字命名，这就是NBA名人堂的前身。能够进入名人堂的球员，都是对该运动有杰出贡献的人。

儿时的乔丹自从喜欢上篮球之后，就把所有的业余时间都放在了球场上，从那时起，他就希望能够成为一名职业篮球运动员。可是，他的自身条件并不出众，当时又瘦又小的他根本没有引起教练的注意。

之后，乔丹又一次遭受打击，他竟然没有进入校队名单，他被淘汰出局了。为此，乔丹郁闷了很长时间，回到家后甚至大哭了一场，他太在乎了，篮球就是他的最爱。

如果换作别人，很可能就放弃了，但乔丹在沮丧了一段时间之后，依然无法割舍对篮球的喜爱，他找到校队教练，请求随队观看比赛。教练最初并不同意，但被乔丹的执着精神打动了，破格带上了他，让他替上场队员抱衣服。

此后，乔丹开始刻苦训练，他相信只要一直坚持下去，教练迟早会看到自己的能力。事实的确如此，一年之后，乔丹凭借优异的表现重新赢得了机会，回到了校队。到了高三的时候，他凭借出众的赛场表现入选了全美高中生阵容。

多年之后，当已经成为篮球巨星的乔丹回忆起这件事时说："发生这种事，对我来说，也许是件好事。因为它让我搞清楚失望有多不好受，所以我立下志愿，发誓绝不再承受一遍那种感觉。"

担当男孩智囊

罗曼·罗兰说："生命是建立在痛苦之上的，整个生活贯穿着痛苦。"可见，生活中的挫折随处可见，所以，我们没有必要惧怕挫折。重要的是，我们要学会从挫折中获得前进的力量，只要坚持下去，就能迎来机会。正如徐特立所说："有困难是坏事也是好事，困难会逼着人想办法，困难环境能锻炼出人才来。"

担当男孩成长箴言

伟大来自坚持

任何伟大的成功者都离不开坚持不懈的努力，在通往辉煌的过程中，挫折让我们更好地认识自己，虽然几经起伏，却不曾放弃，在几番锤炼之后，才能让自己变得更强。

在篮球场上魅力四射的乔丹，也曾有过被淘汰、被轻视的经历。但对于他来说，这样的挫折并没有将他击垮，而是激励他比以往更加努力。最终，乔丹坚持了下来，成为万人膜拜的对象。乔丹的故事让我们明白了，面对生活中的不如意，不必委屈和绝望，而应该以积极的心态来迎接挑战，对于每个人来说，挫折都不是一种不幸，而是无形的财富！

03 逆境中的命运交响曲

路德维希·凡·贝多芬，德国著名作曲家和音乐家，维也纳古典乐派代表人物之一，代表作有《英雄》《命运》等。

法国著名作家罗曼·罗兰曾经用这样一段话来形容一个人：“物质生活的窘迫毫无改观。他贫病交加，孤立无援，但他却是个战胜者：人类平庸的战胜者，他自己命运的战胜者，他的痛苦的战胜者。”这个人就是伟大的音乐家——贝多芬。

路德维希·凡·贝多芬拥有过人的音乐天赋，一生中却遭受了贫困、疾病、失意、孤独等种种磨难，其中最大的灾难莫过于耳聋带给他的痛苦。

贝多芬28岁时，由于患病，听觉开始出现减退的迹象，到了48岁，他彻底聋了，什么都听不见了。要知道，对于一位音乐家来说，这无疑是灭顶之灾。想必换作别人，都不可能再继续坚持了，不要说做音乐，就算是维持正常生活都很困难。

贝多芬失聪之后，只能依靠书写的方式与其他人进行交流，连最基本的生活都成了问题，但他并没有因此停止创作，他对音乐的激情还在。失聪之后，他依旧创作出了很多不朽名作，包括传世经典第三交响曲《英雄》、第五交响曲《命运》、第六交响曲《田园》、第九交响曲《合唱》。

知识小讲堂

维也纳古典乐派，是指1730—1820年间的欧洲主流音乐。流派以海顿、莫扎特和贝多芬为杰出代表，由于他们都是在维也纳度过自己的创作成熟时期，因此被人们称作“维也纳古典乐派”。其音乐作品被称为古典主义音乐。

在贝多芬的创作过程中，无不体现出他敏锐的观察力，他虽然听不到任何声音，却能更好地去感受、感知一切，没有了听觉优势，他只好付出更多艰辛，以极大的意志力坚持创作。为了起草一部曲子，他往往花费几个月甚至几年的时间反复推敲。例如命运交响曲，前后创作共耗时八年。

失聪并没有夺走贝多芬对于音乐的创作热情，反而让他收获了更多的生命感悟，给了他坚持下去的决心。

贝多芬曾在信中写道：“在我身旁的人都能听到远处的笛声，而我却听不到，这是何等的耻辱啊！这样的情景曾把我推到了绝望的边缘，几乎迫使我结束了自己的生命。但是，我的艺术，只有我的艺术要我活下去。”

一个有信仰的人，一个拥有顽强信念的人，总能创造出奇迹，贝多芬正是在这种困境中大声疾呼：“我要扼住命运的咽喉，它不能使我完全屈服！”最终，贝多芬完成了自我救赎，成为世界上最伟大的音乐家之一。

担当男孩智囊

日本剧作家、小说家山本有三说：“年轻时没有尝过苦水的人，不能成长。我把‘辛苦’当作我的老师。”对于真正的强者来说，困难不仅不能将他们打垮，反而会让他们拥有在安逸生活中所不具备的力量。只有在困难中顽强拼搏的人，才能靠近成功。

苦难在坚持面前变为奇迹

对于任何人来说，人生都不可能是一帆风顺的，而对于伟大的成功者来说，他们所经历的苦难要远远超出常人。不可否认，苦难会把人逼到绝境，但也会激发出人类的潜能。这时候，谁能坚持得更久，谁就有可能走出苦难，迎来辉煌。

在贝多芬的故事中，我们为一位伟大的音乐家遭遇耳聋而唏嘘不已。是的，有什么能比整天与声音打交道的音乐家陷入无声世界更悲惨的呢？但是，身体的不便并没有抹杀他的天赋，而他对艺术的执着追求，更让他以顽强的毅力，创作出一部又一部感人至深的传世名曲。他给世界留下的不仅仅是一个个动人的音符，还有一段荡气回肠的生命赞歌。

世事无常，苦难总是在我们毫无防备的时候突然降临。但贝多芬的故事告诉我们，即便有些不幸不能避免，但我们仍然能决定自己的人生，做自己命运的主人。

04 坚持与病魔抗争的科学家

史蒂芬·威廉·霍金，曾先后毕业于牛津大学和剑桥大学三一学院，并获剑桥大学哲学博士学位。他因患有渐冻症在轮椅上度过了 40 年，全身只有面部肌肉能动，演讲和问答只能通过语音合成器来完成。霍金被称为在世的最伟大的科学家，被盛赞为“宇宙之王”。

史蒂芬·霍金出生于 1942 年 1 月 8 日，那时伦敦战火弥漫，霍金就在这样的环境中度过了童年。17 岁时，霍金进入牛津大学学习物理，由于受到战后情绪的消极影响，当时的大学生没有目标，对生活感到厌倦，霍金也是其中一员，他并没有将精力用在学习上，而是整日闲逛，喝酒嬉戏，对自己的未来毫无设想。如果这样发展下去，霍金很可能成为一个庸庸碌碌的职员或教师，在平庸的日子里度过自己的人生。然而，病魔出现了，对于霍金来说，这无疑是一场灾难，但又是一针兴奋剂，激发出他的全部潜能。

大三的时候，霍金发现自己的身体反应迟钝，变得更笨拙了，有几次毫无缘由地跌倒。最严重的一次，他突然从楼梯跌落，当场晕厥，险些丧命。即便如此，也没有引起他的警觉。

直到 1962 年霍金读研究生时，母亲才发现儿子身体方面的异常，霍金在医院接受检查，医生确诊为“卢伽雷氏症”，即运动神经细胞萎缩症。大夫对他说，他的身体会越来越不听使唤，只有心脏、肺和大脑还能运转，到最后，心和肺也会失效。1963 年，霍金被医生告知，他最多还能活两年。

随着病情的迅速恶化，霍金几乎放弃了一切学习和研究，因为他认为自己的时间所剩无几，每天都在消沉中度过。幸好家人和朋友的鼓励，让他重新投入到科学研究中。此后，霍金开始与疾病作斗争，他的顽强打破了医生的“死亡宣判”，他不仅活过了两年，而且至今健在。

知识小讲堂

渐冻症，也叫肌萎缩侧索硬化（ALS）或运动神经元病（MND），法国又叫夏科病，而美国也称卢伽雷氏病。它是上运动神经元和下运动神经元损伤之后，导致包括球部（所谓球部，指的是延髓支配的这部分肌肉）、四肢、躯干、胸部、腹部的肌肉逐渐无力和萎缩。

到了1970年，霍金的病情再次加重，他彻底失去行走能力，开始了轮椅生涯，从那以后，他再也没离开过轮椅。然而，疾病没有打败霍金，反而让他更加投入地进行科学研究。

虽然身体的残疾日益严重，霍金却顽强地生活着，希望能像普通人一样生活。为此，他坚持用唯一可以活动的手指驱动着轮椅到处游逛。

1985年，霍金做了一次穿气管手术，从此完全失去了说话的能力。在这种极端困难的情况下，霍金依然完成了著名的《时间简史》，这部书引起了全世界的广泛关注，全球累计销量高达2500万册。

霍金的一生可以用喜忧参半来形容，他被病魔缠身，却没有自暴自弃，而是努力生活，继续进行科学研究，他用一份执着的精神证明了自己的价值，证明了活着的意义，让世人钦佩。

担当男孩智囊

罗曼·罗兰说："生命是建立在痛苦之上的，整个生活贯穿着痛苦。"既然生活不能总是一帆风顺，那么，当痛苦来临，我们就要将它视为平常的事，不必深陷其中。当人们能够平静地对待苦难，也就能够从中获得力量。我们要知道，想要从懵懂的小男孩，成长为沉着笃定的男子汉，就要渐渐学会对待生活中的苦难。在痛苦中，只有内心脆弱的人才会一蹶不振，而真正的强者会坚强地应对。他们一直坚持到最后，并且最终得到生活的回馈。这也是一个人从幼稚变为成熟的必经之路。

担当男孩成长箴言

◎ 如何看待生命中的考验

无论是伟大人物还是普通人，无论是少年还是老人，每个人都有可能遇到意想不到的挫折，天灾人祸，生命中充满了不确定。对于每个人来说，考验无处不在。对待挫折，法国大作家巴尔扎克说：“挫折是能人的无价之宝，弱者的无底之渊。”强者在挫折面前会越挫越勇，而弱者面对挫折会颓然不前。那么，如何通过生命中的考验，做生活的强者呢？

我们要学会笑对生命中的考验，用平静的心态面对挫折。《认识论》中有这样一段话：“人们在认识世界和改造世界的过程中，必然会遇到种种困难，挫折甚至是暂时的失败，总之，人们要想在认识世界和改造世界的活动中有所建树，就必须充分发挥主观能动性，这就需要坚强的意志和十足的干劲，需要充满活力的精神状态。”意思是说，人们在遇到挫折困难时，要用积极的心态去看待这件事，用良好的精神状态去迎接这件事，微笑着，面对着一份生活所给予的我们必须面对的挫折。

也许有人会说，当我们遇到挫折时，心情往往在一瞬间跌落谷底，如何强迫自己去接受这份挫折，甚至微笑着去面对它呢？

这种想法没有错，但是，生活是现实的，而现实又是残酷的。生活中，我们必须学会坚强地面对现实，笑着去面对生活带给我们的一切挑战。因为遇到不幸从此一蹶不振，再也找不到对生活的热情，甚至失去了追求、梦想和希望，这只能为自己徒增一份伤心罢了！

既然现实无法改变，那么我们就勇敢接受它，不要向残酷的现实屈服，而是要微笑着面对生活带给我们的种种考验！

05 一次次失败，一次次重来

托马斯·阿尔瓦·爱迪生，1847年2月11日出生于美国俄亥俄州米兰镇，发明家、物理学家、企业家。爱迪生发明的留声机、电影摄影机、电灯对世界有极大影响。他一生的发明共有两千多项，在美国拥有1328项专利。

爱迪生很小的时候就表现出强烈的好奇心，为此还闹出不少笑话。一次，他看到母鸡下蛋，感觉很奇妙，就学着母鸡的样子，趴在鸡蛋上面，想要试一试能否生出小鸡。孩子的好奇心是最强烈的，但往往随着年龄的增长，好奇心逐渐减弱，直到对什么事都不感兴趣。然而爱迪生却坚持了下来，他将一生的精力都用在发明创造方面。

爱迪生的发明往往都经过了无数次的试验，也就意味着要经历无数次失败，一般人经历几次失败就受不了了，然而爱迪生经历过成百上千次失败之后依然保持着强烈的进取心，在发明创造面前，他永不满足，而在试验失败时，他也从来没有放弃。

爱迪生对电灯的改进，是他对世界贡献最大的发明之一。1821年，英国科学家戴维和法拉第发明了一种叫电弧灯的电灯，这种电灯虽然能发出亮光，但是光线刺眼，耗电量大，寿命短，很不实用。因此，爱迪生想要发明出一种更实用的电灯，为全世界的人们带来光明。

目标是伟大的，但是过程是艰辛的，在实验过程中，爱迪生经历过太多挫折。起初，爱迪生用传统的炭条做灯丝，但炭条一通电灯丝就断了。于是爱迪生改用铬等金属尝试，但通电后没多久也都被烧断了。一次又一次的失败，一次又一次的尝试，爱迪生先后尝试了1600多种材料。

试验，失败，再试验，再失败，在这样看似毫无希望的循环中，爱迪生的团队被失望的情绪所笼罩，还有很多权威人士认为发明电灯的前途暗淡。唯有爱迪生依然看到希望，他知道必须坚持下来，之前的试验和失败才是有意义的，每失败一次，就离成功近了一步。面对冷嘲热讽，他没有停止实验，而是更加坚定地投入到研究中。

功夫不负苦心人，爱迪生最终在竹子扇面上找到了灵感，并试验成功，经过炭化的竹丝完全能够满足要求！此后，电灯诞生了，给全世界的人们带来了光明。

知识小讲堂

白炽灯，是指将灯丝通电加热到白炽状态，利用热辐射发出可见光的电光源。自1879年爱迪生发明了白炽灯以来，经过不断改进，白炽灯的发光效率也相应提高。1959年，美国在白炽灯的基础上发展了体积和衰光极小的卤钨灯。白炽灯的发展趋势主要是研制节能型灯泡。

今天，当我们看到明亮的白炽灯的时候，不要忘记这光芒中记载了爱迪生辛勤的日日夜夜。正是爱迪生这种不怕失败的精神，才留下了这个伟大的发明。

担当男孩智囊

人们常说：“失败是成功之母。”可见，我们所看到的绝大多数成功，都是经过无数次的失败才得来的。古罗马哲学家奥古斯狄尼斯说：“在任何情况下，遭受的痛苦越深，随之而来的喜悦也就越大。”面对失败，自暴自弃是没有出路的，唯有坚持到底才可能成功。这个世界上有太多聪明人知难而退，结果沦为碌碌无为的芸芸众生。唯有那些意志力顽强的人，才能正视失败，并坚持到柳暗花明的一天。

一万次失败又如何

在我们的人生经历中，难免要经历失败与挫折。任何成功到来之前，都有可能经历无数次的失败。我们要知道，失败本身并不美丽，当我们感受到失败带来的沮丧时，不同的人往往会表现出不同的态度。在同样的挫折面前，弱者往往不敢面对，害怕重蹈覆辙，也担心自己的努力得不到回报，从而深陷失败的痛苦中不能自拔。那么，我们应该以怎样的态度对待失败呢？

人们常说："失败是成功之母。"关于失败，爱迪生是这样认为的："失败也是我所需要的，它和成功对我一样有价值。只有在我知道一切做不好的方法以后，我才知道做好一件工作的方法是什么。"

我们要知道，每经历一次失败，我们就离成功又近了一步。事实上，在向成功努力的过程中所经历的挫折，并不是真正的失败，对我们来说，真正的失败是自己失去信心，失去成功的信念。

在暂时的失败面前，我们要学会用坚持、用拼搏、用奋发去战胜它，这时，所有的挫折与苦难都会光彩照人。我们要明白，失败是可以战胜的，当我们拥有了坚定的信念和勇往直前的精神，失败就会被我们踩在脚下，就会迎来拨云见日般的灿烂。

从爱迪生的故事中，我们看到了一位伟大的发明家在工作中的辛勤与坚定，他在一次又一次失败中不断探索，不顾外界质疑的声音，永不满足，永不放弃。这种精神值得我们学习，也应该成为我们努力的方向！

06 钢铁是这样炼成的

尼古拉·阿列克谢耶维奇·奥斯特洛夫斯基，苏联作家，坚强的布尔什维克战士、著名的无产阶级作家，代表作《钢铁是怎样炼成的》，在当时获得了空前的成功。

人的一生总要经历一些磨难，但对于有些人来说，命运仿佛对他们更加无情。1927 年冬天，年仅 23 岁的奥斯特洛夫斯基便饱受病魔的侵扰，他全身瘫痪，第二年又遭遇双目失明、脊椎硬化的折磨。对于任何人来说，这都是难以承受的痛苦。然而，奥斯特洛夫斯基却以无比顽强的毅力开始了崭新的人生之旅。

疾病并没有让奥斯特洛夫斯基失去斗志。双目失明后，他开始进行文学创作，尝试着用他的思想和笔触记录自己对生命的感悟。1930 年，他开始创作《钢铁是怎样炼成的》。对于身患重疾的奥斯特洛夫斯基来说，任何行动都是艰难的。在生命后期，他全身只有右手能够活动。但他从来没有被这些困难所击倒。他通常通宵写作，躺在床上，双膝曲起，把纸夹在有镂空格子的硬纸板中，靠在膝上写字。这样的姿势使得他写下的字迹潦草、歪斜甚至重叠，不得不由照顾他的二姐和母亲将他写的文字抄写成文稿。后来有人帮忙，由他口述，别人记录。

就是在这样艰苦的条件下，奥斯特洛夫斯基坚持每天工作 10 个小时甚至更长时间，用了三年多时间，写成了长达 30 多万字的《钢铁是怎样炼成的》。经过几番修改，1932 年，小说在《青年近卫军》杂志上连载发表。

小说发表后引起了人们的广泛关注，奥斯特洛夫斯基的名字迅速传遍了广袤的苏联大地。他也被授予各种荣誉，1935 年，他在索契的寓所，接受了政府授予他的国家级最高荣誉列宁勋章。《钢铁是怎样炼成的》被认为是最著名的革命小说之一。苏联作家法捷耶夫曾高度评价这部作品，称“整个苏联文学中暂时还没有如此纯洁感人、如此富有生命力的形象”，苏联作家肖洛霍夫则说它是“生活的教科书”。但荣誉和赞扬没能阻止他迅速恶化的病情，1936 年冬天，他走完了生命中的最后一程，年仅 32 岁。

知识小讲堂

《钢铁是怎样炼成的》是一部长篇小说，由苏联作家尼古拉·奥斯特洛夫斯基所著。小说通过讲述保尔·柯察金的成长历程告诉人们，一个人只有在最艰难困苦的境遇中战胜敌人同时也战胜自己，只有在把自己的追求和祖国、人民的利益联系在一起的时候，才会创造出奇迹，才会成长为一名钢铁战士。

奥斯特洛夫斯基的一生充满了传奇，他饱受病痛的折磨，却从来不屈服于命运。他的顽强精神征服了世界，影响了一代又一代的年轻人，直到今天仍然发挥着鼓舞人心的巨大作用。

担当男孩智囊

古罗马诗人维吉尔说：“在灾难面前不屈服，而应更加勇敢地去正视它。”道出了我们面对不幸时应具有的态度。在生活中，有很多突如其来的天灾人祸，常常让我们措手不及。但我们要学会面对现实，在灾难中学会坚强、学会乐观。只有顽强的精神和坚定的信念，才能让我们在命运面前不屈服、不放弃。

担当男孩成长箴言

◎ **命运也许很残酷，但我们从不屈服**

我们的生活是奇妙的，充满着未知。我们要知道，在未来未知的命运中，有欢笑也有泪水，有喜悦也有悲伤，有顺利也有挫折。生活不只有顺境，当灾难突然来临的时候，我们怎样应对？

命运有时是残酷的，但人类不屈的精神却能够战胜残酷的命运。苦难可以成为一种动力，激励着我们迎接挑战。越是在艰苦的条件下，生命越能散发出耀眼的光辉。

在奥斯特洛夫斯基的一生中，苦难给了他撕心裂肺的痛苦，但痛苦并没有打到他，而是带给了他新生，使他的著作闻名于世。如果没有病痛带给奥斯特洛夫斯基对生命的感悟，就没有这部伟大的巨著。

命运无常，谁也说不清未来会遇到什么。人们常用“万事如意”“心想事成”来祝福他人，而从来没有人用挫折和苦难鼓励他人。其实，命运中的挫折与苦难才是必不可少的，它比一帆风顺更加重要。命运中的不幸也许给我们带来了痛苦，却也让我们在其中获得了难能可贵的力量，那就是顽强和坚定。

07 世界上最伟大的推销员

乔·吉拉德，他是汽车销售之神，连续12年荣登吉尼斯世界纪录大全销售冠军的宝座，在这12年间，他平均每天销售6辆车，这项纪录至今无人能破，他也因此被誉为“世界上最伟大的销售员”——迄今唯一荣登汽车名人堂的销售员。

乔·吉拉德没有任何家庭背景，仅仅出生于一个普通家庭，他依靠长时间不懈的努力，最终成为一名优秀的汽车销售员，成为全世界销售精英膜拜的对象。

之所以说乔·吉拉德的成功是惊人的，是因为他当时所处的环境非常糟糕，美国经济下滑严重，汽车销量大幅下降，而他却逆势而行，在一年中卖出 1400 多辆车子，让所有从业人员叹为观止。

乔·吉拉德创造了一个又一个奇迹，凭借的就是顽强的毅力与长久的坚持，销售是一件苦差事，没有毅力的人做不出好成绩。他从一个身处底特律贫民窟的擦鞋童，跻身世界汽车名人堂，这其中付出的艰辛是常人无法想象的。

乔·吉拉德出生于美国大萧条的年代，父辈是四处艰难谋生的西西里移民，这样的家庭环境注定无法给乔·吉拉德幸福的童年。为了维持生计，9 岁时，乔·吉拉德便开始给人擦鞋、送报，他边读书边工作，坚持上到了高中，但最终因为经济形势所迫，16 岁那年便离开了学校，成为了一名锅炉工。之后换过四十多种工作，并且在建筑行业一干就是十几年，可以说，35 岁以前，他一直是一个碌碌无为的人。

35 岁那年，乔·吉拉德欠下了 6 万美元的债，一时间所有人都责备他，他的世界近乎坍塌。但乔·吉拉德有一颗自强不息、不懈奋斗的心。他要向辱骂他、轻视他的人证明自己的价值。面对巨额负债，他没有灰心，为了生存下去，他走进了一家汽车经销店。三年后，乔·吉拉德创造了一年销售 1425 辆汽车的成绩。这位生于贫穷、长于苦难的推销员，打破了汽车销售的吉尼斯世界纪录！

没有任何成绩是轻而易举得来的，对乔·吉拉德来说更是如此。为了卖出更多的汽车，他付出的努力几乎无人能及。因为患有口吃，靠嘴谋生的乔·吉拉德不得不放缓说话速度，比其他销售员付出更多的时间与耐心。

为了拓展人脉，他不停地打电话，不计其数的拒绝在给他带来打击的同时，也磨炼出一颗无比坚强的内心。只要有人肯听电话，他就尽力记录下对方的职业、嗜好、买车需求等细节，他相信这其中总会有所收获。

乔·吉拉德的执着也是其成功的原因之一，有些客户为了搪塞他，随口说半年后才需要买车，这明显的借口在乔·吉拉德看来，同样意味着机会，他会记录下这位客户的具体要求，在半年后如约拨通了他的电话，让客户很惊讶，并最终做成了交易。还有些客户表示未来两年才有购车需求，而乔·吉拉德同样如期而至。通过坚持不懈地跟踪客户，乔·吉拉德收获颇丰，还与客户建立了很好的关系。

这位“世界上最伟大的推销员”的经历告诉我们，人生的起点并不能决定终点，只有坚持不懈，才能迎来人生的辉煌时刻。

知识小讲堂

吉尼斯世界纪录大全又称金氏世界纪录，是根据休·比弗爵士的设想，由诺里斯·麦克沃特和罗斯·麦克沃特编辑创立，第一版于1955年问世。1759年，一个叫吉尼斯的爱尔兰人在都柏林创建了一家啤酒作坊，生产的啤酒名为吉尼斯啤酒。经过200多年的发展，吉尼斯啤酒行销世界100多个国家和地区，吉尼斯由此出名。据说，当时人们在吉尼斯公司饮酒时，经常边喝酒边讨论世界上什么最大、最小、最重、最轻等问题，公司老板为了招徕顾客，特意印制了一些小册子来回答这些问题，这就是吉尼斯世界纪录的前身。

担当男孩智囊

歌德说：“让珊瑚远离惊涛骇浪的侵蚀吗？那无疑是将它们的美丽葬送。一张小红脸体味辛苦所留下来的东西！苦难的过去就是甘美的到来。”人们不能选择自己的出身和家境，这就使得每个人人生的起点有所不同。有亲为此经常冲他发火，麦迪也非常伤心。

一天，麦迪终于忍受不了，选择了离家出走。没地方去的麦迪来到叔叔家，因为叔叔平时对他很好，而且能够看到他的特长。叔叔曾经对他说：你在篮球方面很有天赋，如果你能坚持下去，将来一定会成为超级巨星。

想到这里，麦迪决心在叔叔家住上一个月，好好练球，看看自己到底能不能行。在这一个月里，麦迪每天都刻苦练习，尤其是三分定投，非常精准，他似乎也看到了自己的天赋。一个月后，他回到家中，向母亲展示了这一个月以来的训练成果，出乎意料，看到儿子进取的表现，母亲的脸上露出了久违的笑容。

此后，麦迪坚定了个人发展的方向，他要在篮球方面做出成绩，他加入了一所高中的篮球队，并且日复一日地拼命练习，因为他知道，只有篮球才能帮他改变命运。天赋加上个人努力，麦迪很快便吸引了诸多美职篮球探的注意，不久后，他成功实现了从高中到美职篮的飞跃。此时，年轻的麦迪已经闪耀出新星的光芒。高三那年，他被《今日美国》评为“年度最佳球员”，还被美联社评选为“北卡罗来纳州年度最佳球员”。

获奖之后的麦迪激动不已，第一件事便是给母亲打电话。他来到母亲工作的地方，在众人面前递上金灿灿的奖杯。这一次，他终于成为母亲眼中的骄傲。

担当男孩智囊

也许你在某一方面没有天赋，但一定可以从其他方面予以弥补，只要你能认清自己的优势，加之坚持不懈的努力，就会将自己最擅长的方面发挥到极致，通过日复一日的努力，即便无法获得成功，你也可以做得比其他人都好。爱迪生说：“无论何时，不管怎样，我也绝不允许自己有一点点丧气。”永远不要对自己说“我不行”，再笨的人，只要能够坚持，只要拥有顽强的毅力，就会不断超越自己，成为一个值得骄傲的人。

担当男孩成长箴言

◎ 人生没有真正的失败

在生活中，并不是每个人都能轻而易举地找到能发挥自己价值的地方，但毫无疑问，每个人都有自己存在的价值，也许要经过无数次的失败才能找到自己的价值所在，但重要的是，我们要明白，人生没有真正的失败，只有学会面对挫折，才能得到真正的成长。

“天生我材必有用。”麦迪的故事给这句话作了完美的阐释。遭遇失败和挫折并不可怕，因为挫折让我们的人生变得更有价值。战胜挫折也是一种进步。生活中难免遇到不顺心的事，但如果我们没有勇气面对，那么我们就永远无法走出困扰我们的逆境。

当然，战胜挫折并不能仅仅依靠勇气，更重要的是要依靠实力。对特雷西来说，他最终能找到自己的价值所在，并且一举成名，并不仅仅因为他具有不消沉、不气馁的心态，还有他出神入化的球技。我们应该记住，如果遇到困难就畏首畏尾，那么成功永远与你无缘。只要勇于尝试、坚持不懈，就没有什么是无法做到的。

09 用一生的努力做好一件事

查尔斯·舒尔茨，史努比之父。史努比是一只深受全世界小朋友和大朋友喜爱的小狗，他来自美国的漫画《花生》。在很多人看来，能够成功塑造这样受全世界人们喜爱的卡通形象的作者，一定是非常了不起的，可事实并非如此，在史努比诞生前，舒尔茨却认为自己非常失败，甚至一塌糊涂。

并不是舒尔茨自卑，事实的确如此，如果不是史努比的诞生，舒尔茨的人生真的缺乏亮点或者说值得炫耀的资本。他的学习成绩一直都不好，小学时多门功课不及格，中学物理甚至得过零分，其他科目的成绩同样惨不忍睹，就像全明星球员特雷西·麦克格迪一样，他在学习方面真的没有天赋。总之，学生时代，他是一个彻头彻尾的失败者。所以，在整个成长时期，他经常感到深深的自卑，很少出现在社交场合，因为他害怕别人的嘲笑。

他因为自卑甚至连给心仪女孩写情书的勇气都没有，在家里的废纸篓里，经常可以看到被他撕成碎片的情书，他写了很多，却从没有勇气送出去。

很长时间，舒尔茨都是一个一无是处的失败者。不过，有一件事情是他擅长的，也是引以为傲的，那就是画画。他非常喜欢画画，每当倍感失落的时候，他都能从作画中找回自信，所以他此生一直坚持做的一件事就是画画，因为他确实在这方面很有天赋。

对于自己的绘画才能，舒尔茨十分自信，并为自己的作品感到自豪，这是他人生为数不多的亮点。即便如此，他的作品在别人眼中同样一文不值。中学时，舒尔茨把自己的漫画作品交给毕业年刊的编辑，没有一幅被采纳。虽然屡屡遭到退稿，但是舒尔茨依然坚信自己的才华，因为这是他唯一能做好的事，所以，他依旧固执地想成为一名职业漫画家。中学毕业那年，他还向沃尔特·迪斯尼公司写了一封自荐信，并推荐了很多作品，但依旧没能被采纳。

一次又一次的失败对于人生本已糟糕透顶的舒尔茨来说，无疑是雪上加霜，他甚至用漫画调侃自己惨淡的人生，他以幽默诙谐的漫画语言讲述了自己晦涩的童年、不堪的青少年时光，在漫画中，他将自己描绘成一个彻头彻尾的失败者。然而，令人没想到的是，他的经历正好符合了当下很多年轻人的现状，大家在他的漫画中找到了共鸣，就这样，连环漫画《花生》诞生了。

知识小讲堂

史努比，是美国漫画《花生》的主人公，原型为米格鲁猎兔犬，因为其憨态可掬的形象迅速在全世界受到人们的追捧，成为经典的卡通形象。

这部漫画一经推出迅速受到了全世界漫画迷的关注，故事中的主人公是一个名叫查理·布朗的小男孩，他是一个彻头彻尾的失败者，他有一只名叫史努比的小猎犬，因为其憨态可掬的形象迅速风靡世界。

凭借这部漫画，查尔斯·舒尔茨走红了，一夜之间，他从一个失败者变为蜚声国际的漫画大家，这是出乎他意料的，也出乎所有人的意料。然而回过头来看看，舒尔茨一辈子都在坚持做一件事，即便他可能在很多方面没有天赋，甚至比普通人做得都差，但是他坚持做喜欢的事，坚持自己的优势，而最终的结果也让人满意，这么多年的付出终于得到了圆满的回报。正如舒尔茨所说："许多方面我一败涂地，只在画画这一点上稳住了自己。"

担当男孩智囊

法国19世纪浪漫主义作家大仲马说："开发人类智力的矿藏是少不了需要由患难来促成的。要使火药发火就需要压力。"中国著名残疾人作家张海迪也鼓励年轻人说："即使跌倒一百次，也要一百零一次地站起来。"在自己的优势项目上坚持得再久一点，说不定就能站在梦想之巅。

担当男孩成长箴言

值得坚持一辈子的事

成功从来不是一件容易的事，也许你很努力了，但最后仍然一无所获，然而，如果你不去努力，则肯定毫无建树。机会总是留给有准备的人，找到那件值得去做一辈子的事，坚持下去，即便无法取得辉煌的成绩，也会在这件事上超越很多人，那就足够了。

对于查尔斯·舒尔茨来说，他从小成绩平平，不受重视，似乎做的每一件事都失败了。但他对绘画的热爱始终没有改变，他坚信，只要坚持下去，自己在绘画方面的才能总有一天能够得到人们的认可。在遭受了无数次退稿的打击之后，他终于依靠这只名叫史努比的小狗和它的主人查理·布朗赢得了全世界漫画迷的喜爱。

当我们在追求梦想的路上屡遭失败时，我们应该像查尔斯·舒尔茨学习，牢记自己的梦想，执着地坚持下去。

第九章

有担当的男孩，勇敢闯天下

没有勇气，哪来的辉煌？想要走过全世界，就要具备常人没有的勇气。路在脚下，只有勇敢的男孩才能走得更远。

01 没有翅膀也能飞翔

刘伟，无臂钢琴师，10 岁时因触电意外失去双臂，19 岁时，成绩优秀的他放弃高考，开始学习钢琴，只能依靠两只脚演奏。2012 年被评为“感动中国十大人物”之一，并获得“隐形翅膀”的称号。

如果一个人没有健全的身体，那么毫无疑问，生活一定会无比艰难。对于刘伟来说，命运似乎格外残酷。因为 10 岁时的一场事故，刘伟失去了双臂，难以想象，一个 10 岁的无臂男孩将会拥有怎样的人生？但刘伟用一个又一个的奇迹告诉世人，上天不让他自由飞翔，他就给自己装上隐形的翅膀。

刘伟有一句励志名言：“我的人生只有两条路，要么赶紧死，要么精彩地活着。”这句话在他荣获“2012 年度感动中国十大人物”时感染了千千万万的人。失去双臂的打击并没有让刘伟一蹶不振，仅仅两年之后，他就重新振作起来，他不仅学会了游泳，还在全国残疾人游泳锦标赛上夺得两枚金牌。

刘伟没有双臂，但他却勇敢地活着，而且要像一个普通人那样生活。要做到这一点，他需要付出的

知识小讲堂

维也纳金色大厅是维也纳最古老、最现代化的音乐厅。在这里，每年都会举行全世界最有名的音乐会之一——维也纳新年音乐会。这项盛会始于 1939 年，此后每年的 1 月 1 日都会在这里举办新年音乐会。金色大厅始建于 1867 年，是意大利文艺复兴式建筑。外墙黄、红两色相间，屋顶上竖立着许多音乐女神雕像，古雅别致。维也纳交响乐团每季度至少在此举办 12 场音乐会。

艰辛是常人难以想象的，他只能用脚学习打字，22 岁时，他在一分钟之内已经可以打出 231 个字母，成为世界上用脚打字最快的人。

刘伟勇敢地生活着，他的顽强与乐观超出了人们的想象。19 岁时，他喜欢上了钢琴，仅仅一年之后，他用脚弹奏钢琴的水平，竟然达到了专业 7 级。23 岁时，他还登上了维也纳金色大厅的舞台，让全世界见证了中国男孩的勇敢与神奇。

当残酷的灾难突然降临，他只有鼓起勇气面对命运。困难与疾病都改变不了他坚定的决心，他创造的奇迹背后，唯有惊人的毅力与坚韧不拔的身躯。他在吉斯尼创造了新的纪录；在游泳比赛中书写了辉煌；在维也纳金色大厅舞台上弹奏了动人的旋律；在感动中国的颁奖台上留下了传奇般的故事。当别人叹息生命的悲哀时，他依然固执地为梦想插上翅膀，用双脚在琴键上敲响最美的音符：相信自己。没有双臂，他却依然在琴键上飞翔。

担当男孩智囊

福楼拜说：“人的一生中，最光辉的一天并非是功成名就那天，而是从悲叹与绝望中产生对人生的挑战，以勇敢迈向意志那天。”面对突如其来的天灾人祸，与其沉沦其中，不如奋起反抗！真正有勇气的人，无论命运带给他怎样的灾难，他都能冷静面对，迎接挑战。只有敢于相信自己的人，才能做生活中真正的强者。

担当男孩成长箴言

◎ 命运的枷锁要用勇气冲破

莎士比亚说：“患难可以试验一个人的品格；非常的境遇方才可以显出非

常的气节；风平浪静的海面，所有船只都可以并驱竞胜；命运的铁拳击中要害的时候，只有大勇大智的人才能够处之泰然。”的确，只有不幸的境遇才会给生活带来考验。我们要知道，命运是不公平的，也是无法预测的，当命运的枷锁无情地降临时，我们要如何应对？

刘伟的故事告诉我们，命运无法改变，时间不能逆转，在磨难面前，只有勇气才能带自己渡过难关。男孩要知道，当自己深陷不幸之中，别人的同情和帮助也许能带来暂时的安慰，但只有依靠自己的努力，才能彻底冲破命运的枷锁，迎接属于自己的未来。学会勇敢面对困难，学会独立解决问题，这是有担当男孩成长路上的重要一课。

在残酷的现实面前，刘伟用他的勇气和毅力，书写了属于他自己的美好人生。当他创造出一个又一个奇迹的时候，人们给予他的不再是同情的眼泪，而是赞许的掌声！

02 从体坛明星到企业巨子

李宁，原中国著名体操队运动员，奥运冠军，他创造了世界体操史上的神话，先后摘取十四项世界冠军，赢得一百多枚金牌，被誉为“体操王子”。退役后，他创立了“李宁”运动品牌，成为一名商界巨子。

当人们拥有一定的成就和声誉时，很少有人会有勇气打破以往的平静生活，做出改变。但对于李宁来说，他大胆突破了自己“体操王子”的形象，走上创业之路，创下了新的传奇。

作为体育明星，李宁在世界体操史上创下了前无古人，后无来者的辉煌；而作为一名企业家，他所带领的李宁公司，结束了中国运动员在奥运会上使用外国体育用品的历史，并让中国的运动品牌走入了世界赛场。

李宁是中国人的骄傲，他在竞技赛场留下的纪录无人能及，同时在商界创立出闪耀国际赛场的民族品牌，为中国争了光，而做到这一切，都源自于20多年前的一个大胆决定。

知识小讲堂

体操是一种徒手或借助器械进行各种身体操练的非周期性体育项目，“体操”是对所有体操项目的总称。依据目的和任务，体操可分为基本体操和竞技性体操两大类。

李宁退役后，作出了一个惊人的决定，他拒绝了当时广西壮族自治区体委的一份工作，也断了做体操教练员的念想，受到当时创业浪潮的影响，李宁决定进入一个全新的领域——下海经商。

在当时，李宁作出的惊人决定备受各界舆论的压力，他也曾感到彷徨，幸亏在妻子的鼓励下才最终拿定主意，妻子陈永妍当时对李宁说：“你那么喜欢挑战，怎么不为其他退役的人闯一条新路呢？”也正是因为这句话，打消了李宁的顾虑。

李宁最初来到了健力宝集团，担任总经理特别助理，主要负责品牌宣传工作，结果，李宁发现自己在经商方面很有天赋，做起来很顺手。半年之后，李宁选择进入更为熟悉的体育用品生产行业，并决定用自己的名字创办一家公司。在国内，“李宁”两个字可谓鼎鼎大名，以此作为公司的名字，广告效果不言而喻，凭借高知名度，李宁品牌迅速进入人们的视线。

从体育明星转型为创业者，这是一条无比艰辛的道路，但与其艰难的过程相比，最初决定转型的勇气才是至关重要的，因为一切困难都可以战胜，但是如果当初没有勇气走出这一步，也许时至今日，我们的运动员还要穿着国外品牌的运动服在赛场上拼杀。

担当男孩智囊

“勇气很有理由被当作人类德性之首，因为这种德性保证了所有其余的德性。”丘吉尔道出了勇气的重要性。我们正处于一个飞速发展、不断变革的时代，有着许许多多的机遇和随之而来的挑战，当人们想要加入变革、迎接创新的时候，勇气就成了必要的元素。前路也许荆棘丛生，但勇士必须无视艰险才能前行。正如培根所说：“在策划一件大事时必须预见艰险，而在实行中却必须无视艰险，除非那危险是毁灭性的。”

担当男孩成长箴言

生活是最大的挑战，迎接它吧

在我们生活的年代，社会正发生着日新月异的变化，飞速的发展带来了前所未有的机遇和挑战。我们每个人的生活都离不开挑战，解一道从来没有做过的难题、学一项从来没有接触过的运动、在一个全新的环境里结识朋友，这些都是我们有可能面临的挑战。在挑战面前，每个人都有可能感到胆怯、担心，但我们要知道，只有放平心态、鼓起勇气，才能战胜困难、赢得挑战。

勇气是我们前进的重要动力，它来自于生命中的压力与张力。“物竞天择，适者生存”，这句话放在现实生活中，就表示了人的生存需要不断的竞争与进步。缺乏压力，人就会缺乏追求的目标；而缺乏张力，则生命会失去前进的力量。我们要知道，生活中的挑战是对习惯的突破，而我们的习惯则是安全感的表现，当我们鼓起勇气冲破固有习惯的时候，压力必定会随之而来。这时，胆怯的人往往以安全作为退缩的借口，而真正的进步只属于有勇气改变自我、战胜困难的人。

从家喻户晓的“体操王子”到驰骋商场的创业先锋，李宁在巨大的压力中完成了华丽转身。如今，李宁和他所领导的品牌在另一个赛场上创造着属于中国人的辉煌，他的故事也将鼓舞一代又一代轻人！

03 勇气与智慧的化身

陈天桥，盛大网络董事长兼首席执行官，2004 年，盛大在美国纳斯达克上市，陈天桥遂跻身中国首富行列。2014 年 11 月，陈天桥正式退出盛大游戏董事会席位，并辞去其盛大游戏董事长及薪酬委员会，企业发展和财务委员会主席等职务。

在任何时代，创新都需要巨大的勇气。在互联网时代，技术和理念都在迅速地更新。每一天都会涌现出无数的创业者，然而每一天又会倒下更多人，可以说，在这个领域，压力和挑战无处不在，随时都有可能被市场和技术所淘汰。

在陈天桥先生看来，中国的创业者非常不容易。“刚开始创业时，受到嘲笑要不气馁，成功后被抄袭也能不暴跳如雷。想要成功，必须拥有宽容的气度。”在质疑中勇敢坚持己见，在攻击中努力使自己平和，这就是陈天桥总结出的创业者应该具备的心态。

知识小讲堂

纳斯达克（NASDAQ），是全国证券业协会行情自动传报系统的缩写，创立于 1971 年，是美国的一个电子证券交易机构，是由纳斯达克股票市场公司所拥有与操作的。它是全世界最大的股票市场之一。

因此，如果想成为一名创业者，勇气是必不可少的，同时，陈天桥认为，智慧也是非常重要的，两者缺一不可。没有智慧，仅有勇气，这是有勇无谋，难以成功；而拥有智慧却缺乏勇气的人，在碰到困难或压力时，就会轻易放弃、无法继续。

陈天桥就是一个富有勇气的人，他不仅看到了互联网领域的机会，更重要的是，他敢于付出行动，最终取得了巨大的成功。

担当男孩智囊

日常生活中，我们随时都有可能遇到变革和挑战，越是鼓励创新的时代，变革和挑战就越层出不穷。莎士比亚说：“本来无望的事，大胆尝试，往往能成功。”当我们冒出新想法的时候，为什么不大胆地试一试呢？在压力和质疑面前，唯有无所畏惧的精神能帮助我们坚持下去。但我们也要明白，只有勇气是不能让我们获得成功的。智慧、心态、机遇，都是重要的因素。但我们要知道，只有具备了勇气，才能大胆地迈出第一步。

担当男孩成长箴言

大胆创新，改变世界

世界总是一刻不停地向前发展，每分每秒都在发生着变化，世界和人类的发展需要创新。我们要知道，人的本质是富有创造力、生命力的，因此，每个时代都会出现一批勇敢的先驱。但从古至今，创新都是一件不容易的事，创新意味着要打破固有的壁垒，不仅要经过无比艰辛的探索和实验，还有可能遭到嘲笑和质疑。也正因为如此，创新就成了一件勇气与智慧并存的事。

如果人类只固守着陈旧的习惯和规则，过分沉溺于安全感之中，那么，世界也就无法向前迈进，未来也就不会发生任何变化。人类文明的进展，正是以勇气为动力的。

互联网时代的创业者面临着比其他任何行业都要多的机遇与挑战，实践者无数，成功者寥寥，在这之中，陈天桥无疑是幸运的。但他的幸运也绝非偶然。在陈天桥的创业故事中，我们看到了一个意气风发的年轻人所经历的压力与艰辛，也从中感悟了作为一个创新者所需要的智慧与胆量。正如歌词中所唱：“不经历风雨，怎么见彩虹”，只有信念与勇气并存的人，才能在暴风雨中不放弃、不退缩，最终迎来美丽的彩虹。

04 人们会记住你的名字

谢廷骏，英文名 Tse Ting Cheunn Masa。2010 年 8 月 23 日，全中国都记住了这位勇敢者的名字。

谢廷骏是香港康泰旅行团的领队，8 月 23 日上午，当康泰旅行社的旅游车离开马尼拉市内景点西班牙王城时，身着警察制服、携带一支 M16 步枪的门多萨以搭便车为由登上了这辆旅游车。之前充满欢声笑语的旅行此刻结束了，噩梦突然降临。

当旅游车行至马尼拉湾边的荷赛·黎刹公园时，门多萨宣称劫持这辆旅游车，并让司机把车开到基里诺大看台。

领队谢廷骏感到大事不妙，趁手机还没有被劫匪没收之机，迅速拨打求救电话。顾客服务部助理经理陈小冰接到了谢廷骏的求助电话，她说，当时听到谢廷骏语调平静，不似太恐慌，背后亦无传来特别声音。陈小冰说，谢廷骏紧急通知她，劫匪尾随团友上车，众人在当地国父黎刹纪念公园被劫匪劫持。

陈小冰随即询问谢廷骏处于车内什么位置，谢廷骏表示自己假扮团友坐在旅游车中段，又称团友尚算平静；她于是继续问谢廷骏，可否将劫持事件通知当地接待社，谢廷骏表示正努力联络。由于劫匪正持枪劫持一位团友，所以谢廷骏仅通话 1 分钟便匆匆收线。

陈小冰在挂断电话后，立即上报，20 分钟后，当陈小冰尝试再次联络谢廷骏时，发现已经联络不上。

谢廷骏自始至终都表现得十分冷静与勇敢，在他被劫匪门多萨识别领队身份之后，被门多萨用手铐锁在车门处当“人肉盾牌”，毫不慌乱，神态镇静。

时间一分一秒地过去，随着夜幕降临，谈判未果，劫匪情绪出现波动。终于，劫匪彻底崩溃，一轮屠杀之后，包括谢廷骏在内的九人死亡，多人受伤。

拉开被劫持旅游大巴的窗帘，神情无助而茫然地往外张望，这成为领队谢廷骏留给守在电视前观看直播的香港市民最后的一瞥。这个外貌俊朗的年轻小伙在被劫持的最初时刻还能冷静致电回香港报告事件，显示出其机智勇敢的一面。

“多得领队的一通电话，让我们在劫持事件一开始便知悉，随后也可以马上通知香港其他政府部门和机构，安排其他事宜。”在事后的新闻发布会上，康泰旅行社总经理刘美诗对谢廷骏的表现十分认同。

一次人质危机事件，让所有中国人都记住了一个名叫谢廷骏的年轻人，他感动了整个中国，却再也无法醒来。

谢廷骏，原名谢志伟，为家中次子，有一兄一弟。1999 年加入康泰旅行社任全职领队，2003 年辞职，转到四季酒店工作，2010

知识小讲堂

M16 系列自动步枪是第二次世界大战后美国换装的第二代制式步枪，也是世界上第一种正式列入部队装备的小口径步枪。该系列自动步枪主要包括 M16 式、M16A1 式和 M16A2 式、M4A1 式、M16A3 式、M16A4 式几种型号。M16 式自动步枪由美国著名的枪械设计师尤金 · M. 斯通纳设计。

年3月辞去酒店工作，远赴印度学习瑜伽一个月，原打算学成归来开班授徒，却遇上瑜伽中心倒闭潮。为了生计，谢廷骏于暑假期间重操旧业兼职带团。三个月内七次出团到泰国及菲律宾等地，上周刚从泰国回港休息两天，再次带团前赴菲律宾，不料，这一次再也没有回来。

谢廷骏是一名孝子，据谢母透露，廷骏得知她一直渴望到南非旅游，曾向她承诺一定会带她到南非畅游；而在此次带团出门之前，廷骏还计划回来之后带母亲到西贡去吃海鲜大餐，以庆祝下月母亲生辰。然而，命运弄人，一切承诺都不可能实现了，谢廷骏再也没有机会向父母表孝心了。

谢廷骏凭借机智勇敢的表现，拯救了一半游客的生命，如果不是他在劫持初期及时通报，没有人知道事态会变成什么样子。

谢廷骏，他是香港人的骄傲，他是全中国的骄傲。

愿你在天堂一切安好，祝福！

担当男孩智囊

塞内加说：“勇气通往天堂，怯懦通往地狱。”谢廷骏一定是上了天堂，因为他是一个勇敢的人。当面对冰冷的枪口时，还有勇气站出来的人一定是最勇敢的人。谢廷骏做到了，天堂一定会有他的位置。人生需要勇气，男孩需要勇气，并不一定要面对生与死的惊心动魄，但在困难面前，一定要勇敢地站出来，因为你的勇气是解决问题的关键。

担当男孩成长箴言

在最危难的时刻，往往最能展现出一个人的勇气，然而并不是所有人都能在此刻爆发出足够的勇气，只有那些从小注重性格培养的人才可以。正如前面所说，勇气不是与生俱来的，而是后天培养而成。作为一个男孩子，勇气是立身处世的根本，如果你不想在遇到困难时习惯性退缩，就要从小培养勇敢的性格，这样才能正视困难、化解困难。

每当危难时刻，总会有英雄涌现，而这一次，人们记住了一个名叫谢廷骏的年轻人。他在生死关头，没有表现出丝毫畏惧，而是勇敢地承担起所有责任。他机智地拨通求救电话，被劫匪铐在大巴车门前充当“人肉盾牌”……他用不屈的表现尽到了自己的责任，同时也向全世界展现出非凡的勇气，谢廷骏，谢谢你！天堂安好！

05 光明之路

戴维·帕特森，纽约州副州长。他有着很多值得骄傲的个人“标签”，他是纽约州首位黑人州长，也是首位盲人州长，作为一名残疾人，他是继富兰克林·罗斯福之后的第一位地方长官。

盲人也能当州长？这得需要多么巨大的勇气啊！帕特森幼年时视力就已经出现问题，他的一只眼睛因为感染完全失明，而另一只眼睛也近乎失明，就是这样一名残疾人却表现出非凡的勇气，竟然敢于竞选州长。帕特森出生于纽约市，父亲巴兹尔·帕特森曾是纽约州参议员，因为家庭环境的影响，他勇敢地参加了竞选。

知识小讲堂

州长是联邦制国家中第一级行政区（州）的行政长官，负责统筹州内的行政事宜。在美国，州长的权力相对较大，根据美国宪法，除了联邦政府的权力之外，其余权力均留给各个州。此外，美国的州长全部由民选产生。

小时候，帕特森的视力就很差，但他却拒绝学习盲文，坚持与正常孩子一起学习。为此，他必须付出比健康孩子多几倍的努力，然而他的学习成绩一点不差，反而比其他孩子还要好。受父亲的影响，他选择了法律专业，先后毕业于美国哥伦比亚大学和霍夫斯特拉大学法学院。那时，帕特森就立志从政，2006 年，他与斯皮策搭档参加纽约州州长竞选并取得成功。

尽管帕特森处在无边的黑暗之中，但他始终勇往直前。在他的努力之下，视力障碍不但没有影响他的生活和工作，反而促使他更积极地参加各种社会活动。帕特森曾说过：“尽管我是少数群体中的一员，同时又是少数群体中的少数群体，但是我可以做到任何事，不要给我任何借口。”

在美国政坛，帕特森无疑是一个传奇，他在黑暗中无所畏惧，最终走出了一条光明之路。

担当男孩智囊

有人说：“真正的勇敢是当一个人无论遇到什么灾祸或危险的时候，他都能够镇定自若，尽责不辍。”当我们因为种种原因，不得不面对困难的时候，唯有勇气能带我们走出困境，实现向上的梦想。在黑暗与艰难中学会勇敢，是每个男子汉的必修课，在困难的条件下，只有保持平和的心态，才能无所畏惧地迎接挑战。

担当男孩成长箴言

◎ 无所畏惧的人生

歌德曾经说过：“假如失去财富，失之甚少；假如失去荣誉，失之甚多；假如失去勇气，你就失去了一切。”命运从来不能被称作公平，谁都无法预料未来会发生什么事。也正因为如此，在面对灾难和不幸时，不少人都陷入痛苦中不能自拔，失去了迎接挑战的勇气。我们要知道，在逆境中，逃避无法改变现实，唯有无所畏惧，才能走出悲伤，迎接光明的未来。

勇气是让我们一往无前的必备要素。那么，什么是勇气呢？勇气是古希腊英雄泅渡海峡时坚定的意志，勇气是被围困三载的莫斯科城人民不屈的信念……我们要知道，正是这样一种伟大的精神力量，帮助我们将一个个不可能变为可能，在绝望中发现希望。如果没有勇气，我们就不能克服前方的艰难险阻，如果没有勇气，我们也不能主动地改正错误。可以说，我们做任何事都离不开勇气。

在帕特森的故事中，我们看到了美国第一位黑人、盲人州长所创造的一个又一个奇迹。他几乎完全失明，却努力地和健康孩子一起读书，甚至在黑暗中学会了打篮球。他用残疾的身体和无所畏惧的精神，赢得了事业上的成功，也赢得了所有人的尊重。他不只是一个传奇，还是值得我们学习的榜样！

06 冰雪中激发的热力

康拉德·希尔顿，旅店之王，酒店大亨，希尔顿酒店集团的创始人。1887 年出生于美国新墨西哥州，曾控制美国经济的十大财阀之一。

在全球几乎所有的繁华都市，都能看见富丽堂皇的希尔顿酒店，这个庞大的酒店帝国已经成为高级酒店的标杆。如今，当人们走进环境优雅的希尔顿酒店时，却很少有人会想到集团创始人希尔顿先生的创业经历。然而这段艰辛的日子，一定会给人们带来鼓励和启发。

希尔顿小时候遭遇了美国历史上最严重的经济大恐慌，身为孤儿的他在这种不景气的环境中，只好四处流浪，沿街乞讨，维持生计。每天晚上，如果能找一个可以遮风避雨的地方栖身就算是幸福的事了。

一次，希尔顿流浪的地方刚好有一座大酒店，他连续几个晚上都睡在酒店的门廊处，这是他能找到的最“舒适”的地方了。然而，半夜他睡得正香，被酒店的门童抬了起来，当他睁开眼，发现自己正躺在空旷的雪地上。希尔顿缓过神来，大声质问门童：“我睡觉碍着你们的事了，干吗把我丢到雪地里？”

几个门童平静地答道：“明天酒店的大老板要来，经理觉得你们在这里影响不好，所以……”

希尔顿十分恼火，继续说道：“你们可以明天早上告诉我啊，凭什么大半夜把我扔到雪地里？”

面对希尔顿的愤怒和质问，门童笑着说：“这是饭店经理交代的，我们也只是依命行事。”

希尔顿恶狠狠地说：“你们给我听着，总有一天，我一定要开一家比你们饭店更大、更豪华的酒店，记住我现在所说的话！”

知识小讲堂

希尔顿国际酒店集团，创始人康拉德·希尔顿，美国花花公主帕里斯·希尔顿是他的曾孙女。现在名为希尔顿全球控股有限公司，为黑石集团旗下附属公司，是一家跨国酒店管理公司。截至2013年12月，希尔顿品牌在84个国家拥有4080家酒店，包括超过672000间客房。希尔顿酒店集团公司2010年在《福布斯》之“The Largest Private Companies”中列为第38位美国私营公司。

希尔顿感到自己被羞辱了，从此立下宏愿。他虽然出身贫寒，却从没有畏惧过，他勇敢地追逐着自己曾经许下的誓言。若干年后，他真的创办了一家饭店，并以自己的名字命名，这就是希尔顿大饭店的前身。通过他的奋斗，希尔顿大酒店逐渐发展为全世界最大的酒店集团之一。

面对侮辱，更多的人选择忍耐，而少数人却以勇气作为回击，并且将屈辱作为激励自己的动力，让自己变得强大。希尔顿虽然出身贫寒，却用自己的力量改变了命运，开创了属于自己的伟大事业。

每一个人在受到屈辱的时候，都会习惯性地发下毒誓，但大部分人并没有勇气坚持下来，一段时间之后也就忘了，只有极少数具备非凡勇气的人，才能实现自己曾经许下的誓言，这些人最终成就了非凡的事业。

担当男孩智囊

塞内加说：“勇气通往天堂，怯懦通往地狱。”想要实现我们的奋斗目标，勇气是不可或缺的，勇气能让我们战胜困难，也能让我们承受住压力。在某些艰难的境遇下，如果我们不能正视现实，那么永远也无法走出逆境。只有从容、自信、勇敢地迎接挑战，才能在黑暗中燃起希望的曙光。正如贺拉斯所说：“以勇敢的胸膛面对逆境。”

担当男孩成长箴言

在屈辱面前勇往直前

勇气是一个人争取进步的原动力，而屈辱往往是一针兴奋剂，能够激发出潜在的勇气。人生充满了坎坷，你不是王子，受屈辱不可避免，如果你从此沉沦，那正好中了别人的计，你要做的是鼓起勇气，用实际行动证明他们的错误，让那些侮辱你的人低下傲慢的头。

在故事中，举世闻名的希尔顿酒店集团创始人，曾经经历过一段灰暗的岁月。幼年时期的不幸遭遇，让他经历了很多人都无法想象的坎坷和屈辱。但他没有因为糟糕的境遇而放弃努力，也没有因为受到不公平的对待就失去希望，他用超乎寻常的胆识和毅力，最终创造出了属于自己的伟大事业。他的故事告诉人们，当人生不得不从一个黑暗的起点开始时，不要放弃和退缩，只有鼓起勇气奋力拼搏，才能拥有光明和希望。

07 用微笑点燃生活的勇气

克里斯托弗·里夫，美国影视演员，因饰演《超人》系列电影而走红。1995年，里夫因一次意外事故而瘫痪。

在不少男孩的心目中，银幕上的“超人”可算是当之无愧的童年偶像。因出演《超人》系列电影，美国演员克里斯托弗·里夫也成为风靡世界的偶像明星。他成功塑造了影片中力拔山兮气盖世、守护正义、维护和平的超人形象，让这部电影和他的名字一起，成为电影史上的奇迹。然而，命运总是难以预测的，就在他事业的巅峰时期，他在一次马术比赛中发生了意外，而这次意外也改变了他的人生。

1995年5月27日，克里斯托弗·里夫骑着自己的爱马参加了一次马术比赛。当时，已经连续两次失败的克里斯托弗并没有放弃，他准备第三次试跳，当他的赛马试图跨越栏杆时，意外发生了，赛马不知何故突然在栏杆前停了下来，而克里斯托弗则从马背上飞了出去。不幸的是，他因脖子直接触地而全身瘫痪。

曾经刀枪不入的“超人”，现在每天只能躺在病床上，动弹不得，这让他难以接受。虽然经过抢救保住了性命，但这位好莱坞巨星的从业之路或者说他的整个人生就这样毁了。

对于克里斯托弗·里夫来说，那段日子是他生命中最灰暗的时光，他从未感觉到如此绝望，甚至想要一死了之，但他连自杀的能力都没有，他只能用眼睛告诉妻子：“不要救我，让我走吧。”但妻子一直鼓励他：“不管怎样，我都会永远和你在一起。”

手术日期越来越近，克里斯托弗非常害怕，这是决定他生死的时刻，虽然他曾想过轻生，但是家人的鼓励让他重新看到希望，鼓起了继续活下去的勇气。尤其是年仅3岁儿子的一句话，给了他莫大的勇气。一次，儿子威尔说：“妈妈，爸爸的肩膀动不了。”妈妈无奈地点点头。“爸爸的腿也不能动了。”“是的。”妈妈伤心地答道。小威尔有些沮丧，停顿片刻之后突然露出了笑容：“但是爸爸还能笑呢。”

瞬间，躺在病床上的克里斯托弗仿佛看到了生命的曙光，也坚定了他活下去的信念。10天之后，他挺住了，手术成功了。尽管腰部以下还是没有知觉，但他毕竟保住了性命，最重要的是，他重新找到了活下去的勇气。

超人又回来了，不是荧幕上的超人，而是现实生活中的超人。出院后的克里斯托弗没有沉沦，没有自我封闭，而是凭借超乎常人的勇气和毅力，重新回到了人们的视线中。他成为脊髓研究的积极倡导者，还担任了克里斯托弗·里夫瘫痪者协会主席，也是美国国家失能者组织的副主席，广受尊重和爱戴。

虽然这辈子都无法离开轮椅了，但克里斯托弗每次在公开场合露面时仍然英俊而有精神，他用实际行动告诉全世界，勇气能够让人更好地生活。

克里斯托弗·里夫始终记得儿子的那句话：“但是爸爸还能笑呢。”是的，不管灾难有多严重，只要还有微笑，就有希望；只要还有微笑，就有好好生活下去的勇气。

知识小讲堂

《超人》是DC漫画公司旗下的超级英雄，1938年6月于《动作漫画》创刊号首次登场，是漫画史上第一位超级英雄。1978年，该漫画被改编为电影，搬上了好莱坞荧幕，由理查德·唐纳执导，克里斯托弗·里夫饰演超人角色，该片于1978年12月15日在美国上映。

担当男孩智囊

弗兰克所说："如果你是懦夫，你就是你自己最大的敌人；但如果你是勇者，你就是你自己最大的朋友。"人的一生都要经历一些磨难，在灾难突然来临，人生陷入黑暗的时候，胆小怯懦的人也许会自暴自弃，消极度日，而只有勇敢迎接挑战的人，才能从黑暗中找到光芒，在艰难中获得希望。我们要知道，灾难并不可怕，可怕的只是人们内心绝望的情绪，因此我们要学会勇敢，只有在挑战面前不低头、不退缩，才能渡过难关。正如奥维德所说："勇敢征服一切：它甚至能给血肉之躯增添力量。"

担当男孩成长箴言

学会在黑暗中寻找光亮

丘吉尔说："勇气是人类最重要的一种特质，倘若有了勇气，人类其他的特质自然也就具备了。"我们要知道，勇气是无畏，不是懦弱，是智慧，不是鲁莽。当我们因为遇到灾难而身处黑暗之中时，是勇气帮助我们找到希望的光亮。

在"超人"克里斯托弗·里夫的故事中，我们看到了他所经历的人生最大的转折，从一个国际巨星到坐轮椅的病人。在得知自己的病情时，里夫最初也非常害怕，万念俱灰，但是，儿子的一句话给了他鼓励。只要还能微笑，就没有什么是不能战胜的！有时，从逆境中寻找希望并不是一件困难的事，只要勇敢一点、坚强一点，就能走出黑暗、迎来光明。

有人说："勇气是一种美德，而且还是各种美德在经受考验时，也即在最逼真的情形下的一种表现形式。"当我们的生活风平浪静时，并不能感受到勇气的存在，只有面对压力、困难、危险时，我们才能体会到勇气的重要性。里夫的人生因为一次意外而发生了巨大的改变，这无疑是命运对他的考验，而只有此时，他才最为真切地感受到了勇气的重要性。如果在逆境中里夫失去了迎接挑战的勇气，那么，他的人生也许就不会取得更多的成就，甚至会在消沉中结束。但幸运的是，他从绝望中勇敢地走了出来。里夫的故事感动了很多人，他的精神让人们永远记住了那个英俊、勇敢的“超人”。

08 我还活着

埃尔文·约翰逊，美国著名篮球运动员，素有“魔术师”之称。在加入湖人队的第一个赛季就帮助球队赢得了 1980 年的总冠军，他也被称作美职篮有史以来最伟大的篮球运动员之一。

约翰逊以神鬼莫测般的传球获得了“魔术师”的称号，在职业生涯中，他获得过无数荣誉，然而正当这位美职篮超级巨星的光芒越来越闪耀时，他却在世人的一片叹息声中迅速陨落。1991 年，保险公司审核约翰逊的投保单并对他例行全面体检时，发现约翰逊竟染上了艾滋病毒。这对约翰逊来说，简直犹如晴天霹雳。

1991 年 11 月初，在洛杉矶湖人队的门前，32 岁的美国职业篮球大师，素有“魔术师”之称的约翰逊宣布他已感染上艾滋病毒，并立即退出湖人队。约翰逊说：“他是因与异性接触感染上艾滋病病毒的”。

约翰逊勇敢而镇定地向世人宣布了他的病情，没有任何隐瞒。当时湖人队的队医梅尔曼说：“约翰逊只是感染上艾滋病毒，但不是患了艾滋病。因此，对他的生活不会马上产生影响！不过，我们要求他不要进行有损他免疫系统的活动，比如进行职业篮球比赛。”

“魔术师”约翰逊是美国最著名的三大球体育明星中第三位感染艾滋病者，前两位分别是橄榄球明星史密斯和棒球明星威金斯，而这两人均因医治无效而死去。当人们得知这一爆炸性消息时，美国各界乃至全世界都为之震惊。正在参加北约首脑会议的美国总统布什在得知这一消息后，在当天的记者招待会上说：“对我和对一切爱好体育运动的人，以及对全美国人来说，他是英雄。”他又说：“约翰逊染病是一个悲剧，但是我认为他是一个高尚的人，他能很好地解决自己的问题！”

洛杉矶市市长汤姆·布雷德利说：“这就像有人拿300磅的大锤砸在我心口，在我的记忆中只有肯尼迪总统遇刺才使我有这种感觉。我难以相信，难以接受，约翰逊是我一生所见到的最有魅力、最善良的运动员，他不管多忙，总是同年轻人打招呼、握手。”

曾担任过约翰逊教练的祖德·希思科特说：“球迷们再也看不到篮球赛上最伟大的运动员的表演了。”

国际篮联发言人弗洛里安·温宁肯格说：“他是一个伟大的人。我认为这对篮球界来说是一个令人哀伤的事，他是真正的偶像，他将得到我绝对的尊敬。”

社会各界在震惊之余，都对约翰逊宣布染上艾滋病毒并退出篮坛的举动赞赏有加，称之为一次勇敢的行动。防治儿童艾滋病基金会的创建人伊丽莎白·拉格瑟说：“能像约翰逊那样勇于面对现实的人是杰出的，他能得到所有人的爱戴，他是一个英雄！”

退役之后的约翰逊，并没有放弃自己，放弃生活，他一直与病魔作顽强的斗争。他不会沉浸在往日的悲痛之中，他说过：“我不会经常往后看，不会花太多时间用来懊悔，在经历了整个事件过程，并不得不处理一些特定的事情之后，我的确对我的家庭和妻子库克感到愧疚，但那真的是唯一感到后悔的一点。”

退役之后的约翰逊勇敢地开始了全新的生活，在工作日，他凌晨四点就会起床，慢跑五英里后到达他位于比利弗山的办公室，在那里他经营着“魔术师约翰逊娱乐”公司，经营范围包括电影院、星巴克店及其他长期被别人所忽视的生意。同时，他还组建了“魔术师”约翰逊基金会，致力

知识小讲堂

艾滋病毒（即人类免疫缺陷病毒）是一种反转录病毒，它具有极强的迅速变异能力，这一特征不仅使人体的免疫系统难以抵御其侵害，而且给特效治疗药物和预防用疫苗的研制带来困难。艾滋病毒直接侵犯人体的免疫系统，破坏人体的细胞免疫和体液免疫。它主要存在于感染者和病人的体液（如血液、精液、阴道分泌物、乳汁等）及多种器官中，它可通过含艾滋病毒的体液交换或器官移植而传播。

于改善美国卫生保健事业。此外，他还与奥巴马政府共同致力于社区开发。结束工作后，约翰逊从办公室轻快地步行回家。

约翰逊认为自己是幸运的，因为他还活着。约翰逊说，他现在已经完全摆脱了艾滋病。“我是被神祝福的人，所服用的药物对我的身体及组织真的有效。但我用的药物并非对所有人都产生一样的疗效，很多人并不像我这样幸运。”

约翰逊是勇敢的，他不曾放弃生活，生活也不曾放弃他。在面对记者时，“魔术师”不止一次地表示，自己会继续活下去，而且要活得更好。“上天让我得了这种病是有理由的，我知道那就是选中我去帮助那些同样患有这种疾病的人。”正如约翰逊所说，他也在尽自己的能力去对抗艾滋病，去帮助那些患病的人，他成立基金会的目的就在于此。

“我要继续与艾滋病抗争下去，这场战斗永远不会停止。你要知道，在我们说这些话的时候，不知又有多少人感染了这种病毒。”约翰逊对记者说道，“最初当我得知感染了这种病毒的时候，我也曾感到不安和恐惧。但医生告诉我，只要我照顾好自己，那么我可以像任何正常人一样生活和工作。我真的没有想过太多，因为对我而言，没有比活在这个世界上更好的感觉了。”

担当男孩智囊

美国总统西奥多·罗斯福说过："真正的尊敬，既不属于那些批评别人头头是道的人，也不是属于给强人指出过错、指点别人哪里做得不好的人。真正的尊敬，是属于那些勇于亲身投入竞技场中，脸上沾满了尘土、汗水和鲜血的奋斗者们。他们坚持不懈的努力，尽管曾经犯下错误，并一再失败，但他们满怀激情，执着不懈，将生命奉献于崇高的事业。他们为经过艰辛努力最终取得的伟大成就而自豪，如果失败，他们也败得荣耀。因此，那些既没赢得过胜利，也不懂得什么叫做失败的，冷漠、胆怯的灵魂，是永远也无法与这些真正值得尊敬的人相提并论的。"是的，真正的荣耀属于世界上最勇敢的人，无论命运如何，他们都选择勇敢面对，这样的人才是最值得骄傲的，也值得所有年轻人学习。作为一个有担当的男孩，要从小养成勇敢的性格，这会在未来的成长之路上给你带来好运气。

担当男孩成长箴言

我还活着！"魔术师"约翰逊完全有理由骄傲地向世界宣布。上帝没有放弃他，生命的奇迹在世界每一个角落上演着。你有理由抱怨，却没有任何理由放弃。勇敢地面对人生，这是每一个有担当的男孩都应该做到的，人的一生会遭遇各种苦难，即便是最艰难的时刻，勇敢的人也不会放弃，所以说，培养勇敢的性格对于男孩来说非常重要，将会对其今后的成长有所帮助。

一个勇敢的男孩，在面对困难的时候，能够比其他人做得更好，他们会表现得更顽强、更坚韧，不会轻易放弃，因此，他们总能更好地完成任务，无论是学习还是未来的工作中，都会比别人做得更好。

勇敢不是与生俱来的，而是后天培养而成，男孩们，无论你的性格是内向还是外向，都能够成为一个勇敢的人，从现在开始，努力练习，使自己成为最勇敢的人吧！

第十章

有担当的男孩心怀抱负

每一位心系国家的男孩，都在为明天做准备，他们要让祖国变得更好、变得更强。为了祖国，他们甘愿付出自己的满腔热血。

01 一生为中国建筑事业奋斗

梁思成，中国建筑大师，一生投入建筑事业，在中国建筑史上留下浓厚的一笔。梁思成年轻时游历欧美，参观各国古代和近代的城市和建筑。多年的海外留学经历对他帮助很大，加深了对各国建筑发展史和相关状况的理解。

梁思成反对全盘西化，同时也反对完全仿古。他向往着一种既能用新技术、新材料，又具有民族传统的新建筑形式的出现。

抗日战争爆发后，梁思成先后拒绝了美国多家单位的工作邀请，决定留在祖国，从事古建筑的调查研究工作。中华人民共和国成立后，梁思成更是为了新中国的建设日夜操劳，他将全国顶尖建筑人才召集到北京，共筹新中国建设大任。1950 年，梁思成率领清华大学建筑系的教师设计出中华人民共和国国徽。1951 年，他又组织教师设计出人民英雄纪念碑的式样。

梁思成对于工作怀有满腔热忱，以极其负责的精神投入到祖国的建设事业，用他的话说："差不多每天都在兴奋激动的心情中度过高兴愉快的一天。"梁思成热爱自己的工作，热爱祖国，所以一刻不曾放松，为了建设新中国鞠躬尽瘁。

梁思成在建筑事业方面颇有造诣，先后发表过很多重要著作，在国内外都颇具影响力。英国学者李约瑟曾经说过：梁思成是研究"中

知识小讲堂

古建筑，是指具有历史意义的古代民用和公共建筑以及包括民国时期的建筑，在中国很多地方都留存着大量的古建筑，它们的存在具有很大的价值，需要被妥善保护。

国建筑历史的宗师”。

梁思成一生投入祖国的建筑事业，这是一份爱国心的体现，面对国外的高薪聘请，梁思成从不动心，因为他知道祖国需要他，他能听到祖国的召唤，留下来，尽一份绵薄之力，这是义不容辞的责任。

为祖国，为建筑事业！

担当男孩智囊

“天下兴亡，匹夫有责。”爱国是每一个人的责任与光荣，可以成为一个人前进的动力，激励人战胜困难，迈向人生光辉的顶峰。同时我们也应该明白，爱国并不是停留在嘴上说说，而是要付出实际行动，从我们身边的一点一滴做起。正如英国诗人拜伦所说：“凡是不爱国家的人，什么都不会爱。”

担当男孩成长箴言

◎ 爱国情怀

一个有担当的男孩，首先要对他的国家充满热爱之情，才能追逐自己的梦想。多少华侨虽然身在海外，但是心系祖国，暮年大多选择回国。因为是这片土地养育了他们，祖国是他们血脉的起源，祖国承载着他们的梦想，也呼唤着他们的灵魂。一个人如果不爱国，也就没有所谓的爱国情怀。但是爱国又不能盲目，不能因为是国外的产品就盲目抵制，也不能因为是国产的品牌就盲目信任，更不能轻信网络流言对其他国家抱有偏见，甚至恶言相向。我们需要时刻提醒自己，爱国是一件需要用一生来完成的事。

在梁思成的故事中，我们学会了一个人在民族危亡时刻的责任与担当。抗日战争开始后，梁思成本可以离开战火纷飞的祖国，到和平国度去继续自己的科研事业，但他拒绝了美国多家学校和机构的工作邀请，为了古建筑的调查研究工作毅然留在国内。这种爱国情怀直到今天还让我们动容，值得我们敬佩和学习！

02 贫贱不能移的爱国情怀

苏步青，我国著名数学家，被盛赞为“数学之王”，与“棋王”谢侠逊、“新闻王”马星野并称“平阳三王”。1902年9月，苏步青出生于浙江省平阳县的一个山村。虽然家境清贫，但父母非常重视教育，省吃俭用也要供他上学。苏步青也没有辜负父母的良苦用心，最终成为一代数学大师。

不过，苏步青在读初中时，其实对数学并不感兴趣。这是为什么呢？原来这个聪明的小家伙认为数学太简单了，一学就懂，直到一堂数学课改变了他的命运。

初三那年，学校来了一位刚从东京留学归来的数学老师，老师姓杨，第一堂课他并没有讲数学，而是给同学们讲了一个故事，这个故事深深触动了苏步青年幼的心。杨老师的话深深烙在苏步青的心里：“当今世界，弱肉强食，世界列强倚仗船坚炮利，都想蚕食瓜分中国。中华亡国灭种的危险迫在眉睫，振兴科学，发展实业，救亡图存，在此一举。‘天下兴亡，匹夫有责’，在座的每一位同学都有责任。”杨老师旁征博引，讲述了数学在现代科学技术发展中的巨大作用。

这堂课的最后，杨老师说：“为了救亡图存，必须振兴科学。数学是科学的开路先锋，为了发展科学，必须学好数学。”从此，这堂课的内容印在了苏步青心里，终生不忘。

杨老师的课深深地激发了苏步青的爱国之心，就像是一针兴奋剂，唤醒了苏步青懈怠的状态。他意识到，读书不仅可以改变命运，同时可以为中华民族求新生。当天晚上，苏步青辗转反侧，彻夜难眠，反复回想课上杨老师的话。正是这一晚，让他下定了读书救国的决心。

知识小讲堂

博士学位是标志被授予者的受教育程度和学术水平达到规定标准的本专业的最高学识水准的学术称号。在学士学位、硕士学位和博士学位三种学位中，博士学位是最高的一级。

后来，在杨老师的影响下，苏步青的兴趣从文学转向了数学，他也意识到自己在数学方面的天赋。很快，苏步青便迷上了数学，从此沉迷于此，自得其乐。四年时间，苏步青演算了上万道数学习题。不仅数学成绩优异，其他功课的成绩也都在 90 分以上。

17 岁时，苏步青来到日本留学，并以第一名的成绩考取东京高等工业学校，在那里继续他的数学梦。在强烈爱国信念的驱使下，苏步青很早便进入了数学研究领域，并在微分几何方面取得了令人瞩目的成绩。1931 年，他还获得了理学博士学位。

鉴于苏步青出色的教学成绩，日本大学用高薪聘请他当副教授，但苏步青却不为所动，毅然决定回国，因为一直心系祖国的数学事业。他回到浙江大学当教授，生活条件与日本比起来，要艰苦得多。而苏步青却看得很淡：“吃苦算得了什么，我甘心情愿，因为我选择了一条正确的道路，这是一条爱国的光明之路啊！”

担当男孩智囊

同样身为数学家的华罗庚曾说过：“锦城虽乐，不如回故乡；乐园虽好，非久留之地。归去来兮。”可见，华老先生对于祖国的热爱以及回国报效祖国的态度与决心。同样，苏步青对于日本方面提供的优厚待遇不为所动，而选择当时条件比较艰苦的国内任教，这样的选择不得不让人敬佩。

担当男孩成长箴言

读书不忘救国

苏步青最难能可贵的不在于为了救国而读书，而是当他在数学领域已经有所建树之时，仍然不忘国难，回国执教，将救国不忘读书，读书不忘救国这句话充分地体现出来。苏步青的精神世界充满着对于祖国的热爱，所以才能不为“高官厚禄”所动摇，苏步青日后之所以选择了以一名教师的身份报效祖国，是因为一个人的强大并不能救国家于危难时刻，而一个民族的强大才是国家渡过难关、屹立于世的根本。苏步青所做的是将他的研究和毕生所学传授给更多的人，教化世人，培养人才，将自己的学术传播开来才是救国的关键。这就是老一辈数学家那颗爱国的赤子之心！

正所谓科技才是第一生产力，一个有担当的男孩也该如此，从现在开始就立志于未来，饮水思源，为了祖国的繁荣与富强，从小努力读书，长大后才能更充分地发挥自己的力量。

03 毅然回国的决定背后

李四光，知名地质学家，1889 年 10 月 26 日，出生于湖北省黄冈县的一个贫苦家庭。李四光从小勤奋好学，之后进入省城武昌高等学校念书。离开家乡坐船去武昌上学时，李四光目睹了帝国主义的霸行，外国军舰在长江里横冲直撞，将中国的小木船撞得七零八落，这让李四光非常气愤，他发誓一定要帮助祖国造出大军舰，把洋人赶出长江，赶出中国。

1905 年，16 岁的李四光加入了由孙中山组建的同盟会，参加了辛亥革命。孙中山勉励他说："努力向学，蔚为国用。"从此，李四光牢记此话，并以优异的学习成绩被保送去日本学习造船。可是，造船需要原料，李四光之后又考上了英国伯明翰大学预科学采矿。

学习两年之后，李四光意识到造船并非当务之急，祖国地大物博，矿藏一定十分丰富，所以当下最重要的是找到铁矿、煤矿、石油，为了实现这一切，必须掌握地质学知识，于是他放下造船方面的学习，转而进入地质系学习地质，并且凭借优异的学习成绩获得了学士、硕士、博士学位。

"……12 月 2 日沈阳解放……"

一天，李四光在报纸上读到了这则消息后激动不已，热泪盈眶，他意识到新中国就要诞生了！在剑桥大学中国留学生年会上，李四光激动地说："我虽然 60 岁了，身体又不好，但我一定要回到祖国去，把自己的余生奉献给新中国！"

得知这一消息后，国民党驻英国大使馆秘书找到李四光，先是诱惑，然后威胁，他掏出了一张 5000 美元的支票，这在当时是一大笔钱，说道："你向世界发表个公开声明，否认中华人民共和国。"转而威胁说："你如果不肯，我们将采取必要措施，将你扣留在国外。"

李四光听罢气愤至极，当即严厉斥责："我归国之心能用金钱收买吗？我要回国，不要美金！"李四光不顾危险，力排种种阻碍，终于踏上了祖国的土地，他要将余生

知识小讲堂

地质学是一门探讨地球如何演化的自然哲学，地质学的产生源于人类社会对石油、煤炭、金属、非金属等矿产资源的需求，由地质学所指导的地质矿产资源勘探是人类社会生存与发展的根本源泉。

都献给自己的祖国。

回国后，李四光带回了先进的理念，对能源、地震、矿产资源等方面都提出了重要的指导性意见，推动了我国地质工作的开展。其中，最重大的贡献之一就是打破了“中国贫油论”的错误论断，为新中国找到了大庆油田、大港油田、胜利油田、华北油田等，为祖国做出了不可磨灭的贡献。

担当男孩智囊

中国著名作家巴金曾说过：“我爱我的祖国，爱我的人民，离开了它，离开了他们，我就无法生存，更无法写作。”爱国不仅是一种情怀，对每个人来说，更像空气、食物和水一样的必需品。如果不爱国，所做的一切也就失去了意义。

担当男孩成长箴言

冲破重重阻碍的爱国之心

新中国刚刚成立之际，迫于种种政治手腕，李四光无法顺利地离开英国，回到祖国的怀抱，但是他不畏惧国民党的收买与恐吓，秉着克服万难的精神，终于回到祖国并为祖国的地质开采贡献出了突破性的结论。一位 60 岁高龄的老人，本应安享天年与世无争，却敢于打破现有的稳定生活，缘于他有一颗爱国之心，这种情怀一旦在心中燃起，就不曾熄灭。

一个有担当的男孩如果因为一些客观原因，而做不出爱国之举，实为借口，不可称之为大丈夫。李四光老先生克服了政治压力，不受年龄的影响，排除万难，最终一腔爱国热血得以报效祖国。李四光毅然回国，缘于他拥有一颗滚烫的赤子之心。

04 与外国武器“比武”

钱学森，吴越王钱镠第33世孙，世界著名科学家，空气动力学家，中国载人航天奠基人，中国科学院及中国工程院院士，中国“两弹一星”功勋奖章获得者，被誉为“中国航天之父”“中国导弹之父”“中国自动化控制之父”“火箭之王”，正是由于钱学森回国效力，中国导弹、原子弹的发射至少向前推进了20年。

1949年，当第一面五星红旗在天安门广场上徐徐升起时，在美国就职的钱学森感到无比激动，此时此刻，虽然身在异乡，但他已经意识到，回家的时候到了。

当时，在美国工作的中国科学家想要归国并不容易，而钱学森的工作内容直接关系到国防建设，所以他的回国路显然要比其他人更艰辛，然而强烈的爱国之心最终将他送回祖国的怀抱。

钱学森辞去了美国的工作，办好了回国手续，买好了机票，却在登机前两天收到美国移民及归化局不准回国的通知！移民局曾以坐牢相威胁，不许钱学森回国，但受到爱国情怀的驱使，钱学森并没有改变计划。没想到，几天之后，钱学森真的被抓进了美国移民及归化局看守所，“罪名”是“参加过主张以武力推翻美国政府的政党”。

钱学森托运的行李遭到联邦调查局的检查，据说从中“查出”电报密码、武器图纸之类的东西。之后，钱学森被审讯，并被威胁“驱逐出境”。可是这话说出口没多久，美国当局又连忙改口，因为这正是钱学森梦寐以求的。

钱学森被调查期间，像罪犯一样被监禁在看守所，他回忆说：“我被拘禁的15天内，体重就下降了30磅。在拘留所里，每天晚上，特务要隔一小时就进来把你喊醒一次，使你得不到休息，精神上陷于极度紧张的状态。”

知识小讲堂

国防，就是国家的防务，是指国家为防备和抵抗侵略，制止武装颠覆，恐怖分子等，保卫国家的主权、统一，领土完整和安全所进行的军事活动，以及与军事有关的政治、经济、科技、外交、教育等方面的活动。

移民及归化局对于钱学森的扣留引起了美国科学界的公愤，很多美国友好人士站了出来，他们为钱学森聘请了辩护律师，并交了保释金，终于把钱学森从看守所里保释出来。

1955 年 6 月，钱学森向国家发出了请求，请求党和政府帮助他早日回到祖国的怀抱。周总理得知后非常重视此事，并指示有关人员在适当时机办理此事。

经过努力，1955 年 10 月 18 日，钱学森一家人终于回到阔别 20 年的祖国。从此，钱学森全力投入到工作之中。1960 年 10 月，我国第一枚国产导弹制造成功。

担当男孩智囊

没有稳定的国防，就没有人民的安宁。一个国家的国防力量如果不够强大，就面临着被军事大国耀武扬威，却只能忍气吞声的局面。外敌随时可能来袭，一个国家的尊严和领土完整随时可能遭到破坏，所以强大的国防力量是一个国家的立国之本。

感动中国的导弹之父

感动中国组委会授予钱学森的颁奖词中这样写道：在他心里，国为重，家为轻，科学最重，名利最轻。五年归国路，十年两弹成。开创祖国航天，他是先行人，披荆斩棘，把智慧锻造成阶梯，留给后来的攀登者。他是知识的宝藏，是科学的旗帜，是中华民族知识分子的典范。钱学森五年的归国之路走得并不轻松，但他没有过一丝一毫的动摇，他不仅以自己严谨和勤奋的科学态度在航天领域为人类的进步做出卓越的贡献，更以淡泊名利和率真的人生态度诠释了一个科学家的人格本质。

在一个有担当的男孩的心里，国家永远是排在第一位的。不管任何困难都要努力克服，成功就在布满荆棘的前方，没有什么捷径可以直达，唯有咬紧牙关，怀揣一颗爱国之心，才能勇往直前，一路披荆斩棘，最终成为科学的开拓者。

05 开台始祖，伟业照千秋

郑成功，民族英雄，1624年荷兰殖民者攻占台湾，郑成功决心赶走侵略军。1661年3月，郑成功率领大军出征，25000多人分乘百艘战船从金门出发。兵士们穿越台湾海峡，在澎湖短暂休整后准备直取台湾。

荷兰侵略者收到消息后惊恐不安，赶忙集结并部署军队，阻止郑成功上岸。郑成功率领大军趁着海水涨潮之机将船队驶进鹿耳门内海，主力从禾寮港登陆，从侧面发起进攻，成功切断了敌军与台湾的联系。

知识小讲堂

民族英雄是指维护国家领土、领海、领空主权完整，保障国家安全，维护人民利益及民族尊严，在历次反侵略战争中，献出宝贵生命和做出杰出贡献的仁人志士。

战斗中，郑成功率领60多艘战船同时向敌军进攻，很快击沉“赫克托”号。与此同时，其他部队也击溃了台湾的援军。最终，荷兰入侵者被迫投降。

而盘踞台湾的侵略军仍然在负隅顽抗，郑成功并没有急于攻下对手，而是在该城周围修筑土台，围困敌军8个月之久，当敌军弹尽粮绝之时，他大旗一挥，发动总攻。1662年，侵略军在无奈之下彻底认输，敌军首领在投降书上签了字。至此，沦陷38年之久的台湾被郑成功收复。

担当男孩智囊

中国自古就有：“但使龙城飞将在，不教胡马度阴山。”的诗句，在外国列强的统治下，百姓们每天都过着苦不堪言、暗无天日的生活，受尽压迫，他们每天都渴望早日收复失地，重整河山。而郑成功之所为正是维护国家领土的完整，驱逐侵略者的民族大义。

担当男孩成长箴言

◎ 维护国家的领土完整是一件神圣的事

郑成功收复台湾，是中国人民反对西方殖民者的一次伟大胜利，保障了中国的领土完整，人民不必忍受外族的侵略。郑成功进入台湾后，彻底改变了荷兰殖民者的统治方法，大力发展台湾经济。此后，福建、广东、浙江沿海居民不断渡海移民，为进一步开发和建设台湾做出了很大贡献。

郑成功文韬武略，先是率军队收复台湾，而后将其治理得井井有条。一个有担当的男孩也应全面发展，因为现如今的社会需要的是全方位的人才，学术专业，沟通技巧，团队协作与管理能力都是必不可少的。不仅要注重学生时代的课程学习，也要注重道德素质的培养。不仅要有一技特长，也要有广泛的兴趣爱好。这样的人再具备爱国情怀，就是这个社会真正需要的人才。

06 我是中国人

李小龙，原名李振藩，1940 年出生于美国加州旧金山，祖籍广东。他是一代武术宗师，同时又是好莱坞首名华人演员，具有举足轻重的影响力，由他主演的电影多次打破各种票房纪录。

李小龙刚刚 3 个月大的时候就出演了他人生的第一部电影，这也为他今后的影视道路奠定了基础。从小李小龙就兴趣广泛，并且酷爱武术，拜叶问为师，学习咏春拳，之后又勤加修习多家拳法，为今后自创截拳道打下了坚实的基础。

18 岁那年，他听从家人的建议，赴美读书，期间他每天早起送报纸，还去中餐馆洗盘子赚生活费，课余时间还要学习英语，虽然生活相当艰苦，但是他对于武术的钻研丝毫没有松懈。他先是在学校组织了一支中国功夫队，进而在学校一个停车场的角落开办了“振藩国术馆”，此后他边教边练，腿功造诣已达巅峰，并以“李三脚”等绝技获得多项武术比赛的冠军，在校园内小有名气，同时也结识了一同步入婚姻殿堂的女人琳达。

在李小龙 24 岁到 30 岁期间，他多次客串好莱坞电视剧及电影，但拍摄角色多为华人歹徒，被男主角的西洋拳术打败，这令他不能接受。因此

知识小讲堂

截拳道是一代武术宗师李小龙创立的现代武术体系，融合世界各国拳术，以咏春拳、拳击与击剑作为技术骨干，并融合道家思想，是一种全新的思想及格斗体系。

李小龙暗下决心，要为中国武术争一口气，这也是之后李小龙拍摄功夫片的出发点。30岁那年，李小龙主演的电影《唐山大兄》创下了香港当时票房的最高纪录，从此李小龙声名远播。继《唐山大兄》之后，《精武门》《龙争虎斗》《猛龙过江》《死亡游戏》将功夫电影带到了一个新的境界，震动了世界影坛，也震动了世界武坛。

在拍电影之余，李小龙也不忘与其他武术高手切磋，提高自己的实战水平。在一次比赛获胜后，李小龙激动地大喊："我是一个中国人"——这是李小龙每时每刻所不能忘怀的，也正是千百万侨居海外的炎黄子孙的心声。

担当男孩智囊

滴水穿石，不是力量大，而是工夫深；成绩优良，不是天资高，而是辛勤学。李小龙之所以在武术上取得了如此高的成就，离不开他日夜钻研武术的辛勤以及时刻心系中国武术在世界武坛仰首的爱国之心。

担当男孩成长箴言

龙的传人

李小龙对于世界功夫电影影响深远，著名演员周星驰曾经这么评价他："没有李小龙，就没有今天的周星驰，也没有这部《功夫》。李小龙对功夫的理论是史无前例的，所以在这部影片中，我借鉴的是他对功夫的理解。”

李小龙之所以能取得如此高的成就，与他骨子里的中国精神是分不开的。一个有担当的男孩也应该具备这种荣誉感，以身为一个中国人而感到光荣自豪，同时绝不容忍他人以任何形式对自己的祖国进行贬低与蔑视。而要做到这一点，首先需要自身具备强大的实力，像李小龙就是凭借自己一身顶尖的功夫让世界刮目相看。

07 宁愿饿死也不领美国面粉

朱自清，现代杰出的散文家、诗人、学者、民主战士。1912 年以优异的成绩考入江苏省立第八中学，经过四年的刻苦努力，在 1916 年成功考入北大预科，一年后入读北大哲学系。在北大读书期间，朱自清受“五四”运动的熏陶，响应并积极推动新文化运动的开展，参加了北大学生为传播新思想而创立的平民教育讲演团。

抗日战争结束后，美国政府为了自己的利益，一方面支持蒋介石发动内战，另一方面在中国豪取强夺。当时国内物品奇缺，价格高得离谱，人们吃不饱穿不暖，挣扎在生死线上。因此，老百姓对美国和国民党政府十分不满，反抗的呼声越来越高。美国政府为了支持蒋介石以及赢得人们的好感，就运来了一些面粉“救济”国人，好让人们“感谢”美国。当时的老百姓根本看不明白，而学识渊博的朱自清却看透了美国的用心，认为这种救济是在侮辱中国。

朱自清当即发动一些学者，签署了一份抵抗宣言，表示坚决拒绝美国的“援助”，不领美国面粉。要知道，那时的朱自清正患有严重的胃病，

> **知识小讲堂**
>
> 五四运动，指的是1919年5月4日发生在北京的一场以青年学生为主，广大群众、市民、工商人士等中下阶层共同参与的，通过示威游行、请愿、罢工、暴力对抗政府等多种形式的爱国运动。是中国人民彻底地反对帝国主义、封建主义的爱国运动。

身体非常虚弱，体重还不到80斤，并且经常出现呕吐以及失眠症状。拒领救济粉的行为，也让他的日子犹如雪上加霜。然而，这一切与祖国的尊严比起来，根本不算什么，他坚决抵制那些别有用心的“赏赐”。朱自清曾在日记中写道：“坚信我的签名之举是正确的。”

两个月后，贫病交加的朱自清不幸去世。他宁可饿死也不领侮辱性的“救济”，体现了一个中国人应有的尊严。

担当男孩智囊

“黄金诚然是宝贵的，但是生气勃勃、勇敢的爱国者却比黄金更宝贵。”此语出自美国总统林肯。诚然，我们为朱自清先生的死感到遗憾，但是正因为如此，他想传达给世人的那种“士可杀不可辱”的精神才更为深刻，他在国内敲响的抵抗之钟声才更加振聋发聩。

担当男孩成长箴言

◎ 敲响宁死不屈的爱国之钟

在战场上为国捐躯的战士有千千万万，朱自清先生虽不是死在保家卫国的前线上，却也凭着自身的影响力在国内敲响了一阵宁死不屈的爱国警钟。这钟声提醒着那些被战乱和生活压弯了腰的人们，你自己不抬起头颅，世界就不会认可你的尊严；这钟声警告着那些妄图通过物质收买人心的野心家们，你们的阴谋不能长久，因为中国的骨气是你们的“救济”无法动摇的。

作为一个有担当的男孩，你首先要明白担当意味着什么。铁骨铮铮的背后都是卧薪尝胆的酸甜苦辣，众望所归的盛名之下隐含着独自面对的压力，爱国是一种担当，但是必须只有具备了足够的能力，才能战胜更严峻的挑战。朱自清先生一生以笔为刀，经过漫长曲折的道路，在黑暗现实的教育和爱国民主运动的推动下，成为革命民主主义战士。在反饥饿、反内战的实际斗争中，他身患重病，签名于《抗议美国扶日政策并拒绝领取美援面粉宣言》，并嘱告家人不买配售面粉，始终保持着一个正直的爱国知识分子的气节和情操。

08 振兴中华

孙中山，中国近代民主主义革命的开拓者，中国民主革命伟大先行者，中华民国和中国国民党缔造者，三民主义的倡导者。“振兴中华”这一伟大口号便是由孙中山先生最早提出来的。

孙中山自从学生时代起就表现出强烈的爱国心，非常关心国家大事。1885 年中法战争失败，孙中山感到民族危机正在逐步加深，经常与志同道合的青年探讨救国救民的方法。他称赞太平天国运动领袖洪秀全为“反清第一英雄”，并以

知识小讲堂

太平天国运动是由洪秀全等人组成的领导集团发起的反对清朝封建统治和外国资本主义侵略的农民起义战争，是 19 世纪中叶中国的一场大规模反清运动。1864 年，太平天国首都天京陷落，标志着太平天国运动失败。

“洪秀全第二自居”，表示要继承太平天国的革命事业。

1894年中日甲午战争前夕，孙中山上书清政府大臣李鸿章，提出改革意见，然而没有任何回音。1894年11月24日，孙中山展开了行动，他联合20多位爱国华侨，在檀香山建立名为“兴中会”的救国团体。孙中山亲自起草了《兴中会宣言》，沉痛地指出了帝国主义瓜分中国的严重民族危机，揭露了清朝统治的腐朽卖国行径，呼吁各界爱国志士行动起来，为挽救民族危亡、建设强大的祖国而奋斗。《兴中会宣言》郑重申明：“是会（指兴中会）之设，专为振兴中华，维持国体起见。”

此后，无数爱国人士在“振兴中华”口号的激励下前仆后继，抛头颅，洒热血，终于推翻了腐朽的清王朝，结束了中国两千多年的封建君主专制制度。

担当男孩智囊

古罗马著名政治家西塞罗曾说道：“贫穷就要落后，落后就要挨打！国耻不能忘记的名言，历史是记忆的生命。”国家不强，则人民难以安居乐业，享太平盛世。

担当男孩成长箴言

激励了一代人的口号

1937年7月7日，日本帝国主义以士兵失踪为借口，发动了震惊中外的卢沟桥事变。从此，中国人民开始了艰难的抗战征程。一个又一个的不平等条约，使中国从一个泱泱大国变成了一只任人宰割的羔羊。

中国人民永远不会忘记八国联军火烧圆明园的耻辱，这座世界上最辉煌壮丽的建筑就这样在顷刻间被毁于一旦。在浴血抗日的过程中，多少志士仁人失去了生命，是他们以钢铁般的意志和无所畏惧的气概，帮助中国最终战胜了帝国主义的侵略。

孙中山先生领导的旧民主主义革命虽然失败了，但却给新民主主义革命的成功提供了弥足珍贵的经验，奠定了基础。一句“振兴中华”的口号激励了一代又一代中华儿女，这句激励人心的口号直到今天，依然被所有中国人牢记。

作为一个有担当的男孩，要把这句口号记在心里，扛在肩上，时刻以振兴中华为己任，自强不息，奋勇拼搏，为中华民族之崛起而努力奋斗。

09 虾不浮，翡翠奈何

齐白石是近现代中国绘画大师，世界文化名人。早年的齐白石做过木工，之后以卖画为生。他擅长画花鸟、虫鱼、山水、人物，笔墨雄浑滋润，色彩浓艳明快，造型简练生动，意境淳厚朴实。

1937年，日本侵略军占领了北平。齐白石因为名气很大，为了避免被敌人利用，坚持闭门不出，并在门口贴出告示，上书：“中外官长要买白石之画者，用代表人可矣，不必亲驾到门，从来官不入民家，官入民家，主人不利，谨此告

知识小讲堂

翡翠，也称翡翠玉、翠玉、硬玉、缅甸玉，是玉的一种。翡翠是在地质变化时形成的达到玉级的石质多晶集合体。在古代，翡翠却有着截然不同的意义，它是一种生活在南方的鸟，拥有蓝、绿、红、棕等颜色的美丽毛色，一般情况下，这种鸟雄性的为红色，谓之“翡”，雌性的为绿色，谓之“翠”。

知，恕不接见。”

贴了告示齐白石还是担心，于是又画了一幅画来表明自己的心迹。画面很特殊，值得玩味，一般人画翡翠时，都让它站在石头或荷径上，窥伺着水面上的鱼儿；但齐白石的这幅作品却一反常态，没有画水面上的鲟鱼，而画深水中的虾，并在画上题字：“从来画翡翠者必画鱼，余独画虾，虾不浮，翡翠奈何？”

原来，齐白石闭门谢客，将自己比作虾，并把做官的汉奸与日本人比作翡翠。意义深藏，发人深省。

担当男孩智囊

齐白石有这样一句名言：“人不可有傲气，但不可无傲骨。”所谓傲骨，就是一种气节，一种不畏强权的气节，一种视钱财如粪土的气节，一种将民族大义置于一切之上的气节。

担当男孩成长箴言

“虾”的气节

齐白石在一幅画中将自己比作“虾”，表达了他坚决不与外国侵略者同流合污的决心，不仅展示了他高超的绘画水平，同时以画为刀，也在讽刺着那些见到强权就贪生怕死阿谀奉承的“鱼”们，一代大师齐白石的这种爱国气节不曾因为敌人的恐吓、勒索与重金收买所改变。一个有担当的男孩应学习齐白石的这种精神、虽然他的画功已经达到了很高的水平，但是，如果不是因为齐白石的这种爱国情操，想必他的画也无法得到后人的认可。